褚振文　方传斌　著
赵彦强　主审

16G101
图集导读

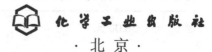
·北京·

本书是对《混凝土结构施工图平面整体表示方法制图规则和构造详图（16G101-1）、（16G101-2）、（16G101-3）》三本图集内的平法施工图制图规则、标准构造详图及施工图实例进行导读。

本书适合初学建筑结构设计人员、施工人员、造价人员、监理人员及相关专业的大专院校学生学习。

图书在版编目（CIP）数据

16G101图集导读/褚振文，方传斌著．—北京：化学工业出版社，2017.1（2020.6重印）
ISBN 978-7-122-28747-2

Ⅰ．①1… Ⅱ．①褚… ②方… Ⅲ．①建筑设计-中国-图集 Ⅳ．①TU206

中国版本图书馆CIP数据核字（2016）第314857号

责任编辑：仇志刚　　　　　　　　装帧设计：刘丽华
责任校对：吴　静

出版发行：化学工业出版社（北京市东城区青年湖南街13号　邮政编码100011）
印　　装：北京盛通商印快线网络科技有限公司
787mm×1092mm　1/16　印张 12$\frac{1}{2}$　字数 300千字　2020年6月北京第1版第4次印刷

购书咨询：010-64518888　　　　　　售后服务：010-64518899
网　　址：http://www.cip.com.cn
凡购买本书，如有缺损质量问题，本社销售中心负责调换。

定　　价：38.00元　　　　　　　　　　　　　　　　　　　　　　版权所有　违者必究

前　言

　　本书从平法的基本概念入手，依据16G101-1、16G101-2、16G101-3三本最新图集编写，主要内容包括柱平法施工图导读，剪力墙平法施工图导读，梁平法施工图导读，楼盖、板平法施工图导读，板式楼梯平法施工图导读、独立基础平法施工图导读，条形基础平法施工图导读，梁板式筏形基础平法施工图导读，桩基承台平法施工图导读。每一部分导读都由制图规则、施工图实例、标准构造详图三部分组成。全书主要采用图表的形式，以具体实例为辅助，内容系统，形式新颖，方便读者理解掌握。

　　本书可用来帮助初学者轻易看懂《混凝土结构施工图平面整体表示方法制图规则和构造详图（16G101-1）、（16G101-2）、（16G101-3）》这三本图集。本书在写作上有以下特点：

　　1. 全书采用图表形式讲解，直观。
　　2. 对图集中难以看懂的平面图用立体图剖切方式画出钢筋布置，易学易懂。

　　由于笔者水平有限，时间仓促，书中疏漏在所难免，望广大读者见谅，并请按国家有关规定改正。

著者
2016年12月

目 录

第1章 柱平法施工图导读 ·· 1
　1.1 柱平法施工图制图规则 ··· 1
　1.2 柱平法施工图实例 ·· 4
　1.3 柱标准构造详图 ··· 6

第2章 剪力墙平法施工图导读 ··· 19
　2.1 剪力墙平法施工图制图规则 ·· 19
　2.2 剪力墙平法施工图实例 ·· 28
　2.3 剪力墙标准构造详图 ·· 31

第3章 梁平法施工图导读 ·· 55
　3.1 梁平法施工图制图规则 ·· 55
　3.2 梁平法施工图实例 ·· 63
　3.3 梁标准构造详图 ··· 65

第4章 楼盖、板平法施工图导读 ··· 81
　4.1 楼盖、板平法施工图制图规则 ··· 81
　4.2 楼盖、板平法施工图实例 ··· 99
　4.3 楼盖、板标准构造详图 ·· 100

第5章 板式楼梯平法施工图导读 ··· 113
　5.1 板式楼梯平法施工图制图规则 ··· 113
　5.2 板式楼梯平法施工图实例 ··· 115
　5.3 板式楼梯标准构造详图 ·· 116

第6章 独立基础平法施工图导读 ··· 130
　6.1 独立基础平法施工图制图规则 ··· 130
　6.2 独立基础平法施工图实例 ··· 135
　6.3 独立基础标准构造详图 ·· 136

第7章 条形基础平法施工图导读 ··· 154
　7.1 条形基础平法施工图制图规则 ··· 154

  7.2 条形基础平法施工图实例 ··· 158
  7.3 条形基础标准构造详图 ··· 159

第8章 梁板式筏形基础平法施工图导读 ··· 167
  8.1 梁板式筏形基础平法施工图制图规则 ··································· 167
  8.2 梁板式筏形基础平法施工图实例 ·· 171
  8.3 梁板式筏形基础标准构造详图 ··· 172

第9章 桩基承台平法施工图导读 ··· 179
  9.1 桩基承台平法施工图制图规则 ··· 179
  9.2 桩基承台平法施工图实例 ·· 182
  9.3 桩基承台标准构造详图 ··· 183
  9.4 六边形承台CTJ钢筋排布构造 ··· 190

第1章 柱平法施工图导读

1.1 柱平法施工图制图规则

柱平法施工图制图规则见表1-1。

表1-1 柱平法施工图制图规则表

图集内容（16G101-1-8页）	解释
1.1.1 柱平法施工图的表示方法 （1）柱平法施工图系在柱平面布置图上采用列表注写方式或截面注写方式表达。 （2）柱平面布置图，可采用适当比例单独绘制，也可与剪力墙平面布置图合并绘制。 （3）在柱平法施工图中，应按本规则中的规定注明各结构层的楼面标高、结构层高及相应的结构层号，尚应注明上部结构嵌固部位位置。必要的构件尺寸以及质量要求。 **1.1.2 列表注写方式** （1）列表注写方式，系在柱平面布置图上（一般只需采用适当比例绘制一张柱平面布置图，包括框架柱，框支柱、梁上柱和剪力墙上柱），分别在同一编号的柱中选择一个（有时需要选择几个）截面标注几何参数代号；在柱表中注写柱编号、柱段起止标高、几何尺寸（含柱截面对称轴线的偏心情况）与配筋的具体数值，并配以各种柱截面形状及其箍筋类型图的方式，来表达柱平法施工图。 （2）柱表注写内容规定如下。 ① 注写柱编号，柱编号由类型代号和序号组成，应符合下表的规定。 柱 编 号 | 柱类型 | 代号 | 序号 | |---|---|---| | 框架柱 | KZ | ×× | | 框支柱 | KZZ | ×× | | 芯柱 | XZ | ×× | | 梁上柱 | LZ | ×× | | 剪力墙上柱 | QZ | ×× | 注：编号时，当柱的总高、分段截面尺寸和配筋均对应相同，仅截面与轴线的关系不同时，仍可将其编为同一柱号，但应在图中注明截面与轴线的关系。 ② 注写各段柱的起止标高，自柱根部往上以变截面位置或截面未变但配筋改变处为界分段注写。框架柱和框支柱的根部标高系指基础顶面标高；芯柱的根部标高系指根据结构实际需要而定的起始位置标高；梁上柱的根部标高系指梁顶面标高；剪力墙上柱的根部标高为墙顶面标高。	（1）框架柱：框架柱就是在框架结构中承受梁和板传来的荷载，并将荷载传给基础，是主要的竖向支撑结构。 （2）框支柱：框支梁与框支柱用于转换层，如下部为框架结构，上部为剪力墙结构，支撑上部结构的梁柱为框支柱和框支梁。框支柱与框架柱的区别也就是所用部位不同，然后结构设计时所考虑的也就不尽相同了。 （3）芯柱：分为砌块芯柱和框架柱芯柱两种。 砌块芯柱指在建筑工程中空心混凝土砌块砌筑时，在混凝土砌块墙体中，砌块的空心部分插入钢筋后，再灌入流态混凝土，使之成为钢筋混凝土柱的结构及施工形式。 （4）框架柱芯柱：框架芯柱就是在框架柱截面中1/3左右的核心部位配置附加纵向钢筋及箍筋而形成的内部加强区域。通俗说：就是柱中柱，大柱里面的小柱，并且小柱有自己的主筋和箍筋。 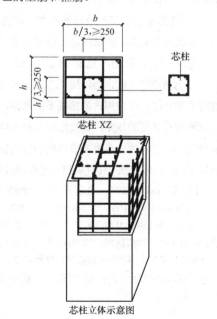

续表

图集内容（16G101-1-8、9页）	解释
注：对剪力墙上柱QZ本图集提供了"柱纵筋锚固在墙顶部"、"柱与墙重叠一层"两种构造做法，设计人员应注明选用哪种做法。当选用"柱纵筋锚固在墙顶部"做法时，剪力墙平面外方向应设梁。 ③ 对于矩形柱，注写柱截面尺寸 $b \times h$ 及与轴线关系的几何参数代号 b_1、b_2 和 h_1、h_2 的具体数值，需对应于各端柱分别注写。其中 $b=b_1+b_2$，$h=h_1+h_2$，当截面的某一边收缩变化至与轴线重合或偏到轴线的另一侧时，b_1、b_2、h_1、h_2 中的某项为零或为负值。 对于圆柱，表中 $b \times h$ 一栏改用在圆柱直径数字前加 d 表示。为表达简单，圆柱截面与轴线的关系也用 b_1、b_2 和 h_1、h_2 表示，并使 $d=b_1+b_2=h_1+h_2$。 对于芯柱，根据结构需要，可以在某些框架柱的一定高度范围内，在其内部的中心位置设置（分别引注其柱编号）。芯柱截面尺寸按构造确定，并按本图集标准构造详图施工，设计不需注写；当设计者采用与本构造详图不同的做法时，应另行注明。芯柱定位随框架柱，不需要注写其与轴线的几何关系。 ④ 注写柱纵筋。当柱纵筋直径相同，各边根数也相同时（包括矩形柱、圆柱和芯柱），将纵筋注写在"全部纵筋"一栏中；除此之外，柱纵筋分角筋、截面 b 边中部筋和 h 边中部筋三项分别注写（对于采用对称配筋的矩形截面柱，可仅注写一侧中部筋，对称边省略不注）。 ⑤ 选择箍筋的型号及箍筋肢数，在箍筋类型栏内注写按本规则中第②、③条规定的箍筋类型号与肢数。 ⑥ 注写左箍筋，包括钢筋级别、直径与间距。 当为抗震设计时，用斜线"/"区分柱端箍筋加密区与柱身非加密区长度范围内箍筋的不同间距。施工人员需根据标准构造详图的规定，在规定的几种长度值中取其最大者作为加密区长度。当框架节点核心区内箍筋与柱端箍筋设置不同时，应在括号中注明核心区箍筋直径及间距。 【例】Ø10@100/250，表示箍筋为HPB300级钢筋，直径Ø10，加密间距为100，非加密区间距为250。 Ø10@100/250（Ø12@100），表示柱中箍筋为HPB300级钢筋，直径Ø10，加密区间距为100，非加密区间距为250，框架节点核心区箍筋为HPB300级箍筋，直径Ø12，间距为100。 当箍筋沿柱全高为一种间距时，则不适用"/"线。	框架节点核心区：主要指梁柱构件重叠的区域，是梁柱交汇的节点区域。 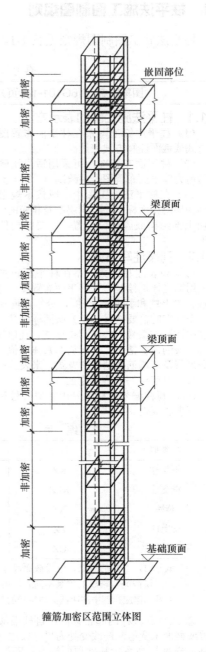 箍筋加密区范围立体图

续表

图集内容（16G101-1-10页）	解释
【例】Ø10@100，表示沿柱全高范围内箍筋均为HPB300级钢筋，直径Ø10，间距为100。 当圆柱采用螺旋箍筋时，需在箍筋前加"L"。 【例】LØ10@100/200，表示采用螺旋箍筋，HPB300级钢筋，直径Ø10，加密区间距为100，非加密区间距为200。 （3）具体工程所设计的各种箍筋类型图以及箍筋复合的具体方式，需画在表的上部或图中的适当位置，并在其上标注与表中相对应的 b、h 和类型号。 注：当为抗震设计时，确定箍筋肢数时要满足对柱纵筋"隔一拉一"以及箍筋肢距的要求。 **1.1.3 截面注写方式** （1）截面注写方式，系在柱平面布置图的柱截面上，分别在同一编号的柱中选择一个截面，以直接注写截面尺寸和配筋具体数值的方式来表达柱平法施工图。 （2）对除芯柱之外的所有柱截面按本规则第1.1.2条第2款的规定进行编号，从相同编号的柱中选择一个截面，按另一种比例原位放大绘制柱截面配筋图，并在各配筋图上继其编号后再注写截面尺寸 $b×h$、角筋或全部纵筋（当纵筋采用一种直径且能够图示清楚时）、箍筋的具体数值（箍筋的注写方式同本规则第1.1.2条第2款），以及在柱截面配筋图上标注柱截面与轴线关系 b_1、b_2、h_1、h_2 的具体数值。 当纵筋采用两种直径时，需再注写截面各边中部筋的具体数值对于采用对称配筋的矩形截面柱，可仅在一侧注写中部筋，对称边省略不注。 当在某些框架柱的一定高度范围内，在其内部的中心位设置芯柱时，首先按照本规则第1.1.2条第2款的规定进行编号，继其编号之后注写芯柱的起止标高、全部纵筋及箍筋的具体数值（箍筋的注写方式同本规则第2.2.2条第6款），芯柱截面尺寸按构造确定，并按标准构造详图施工，设计不注；当设计者采用与本构造详图不同的做法时，应另行注明。芯柱定位随框架柱，不需要注写其与轴线的几何关系。 （3）在截面注写方式中，如柱的分段截面尺寸和配筋均相同，仅截面与轴线的关系不同时，可将其编为同一柱号。但此时应在未画配筋的柱截面上注写该柱截面与轴线关系的具体尺寸。	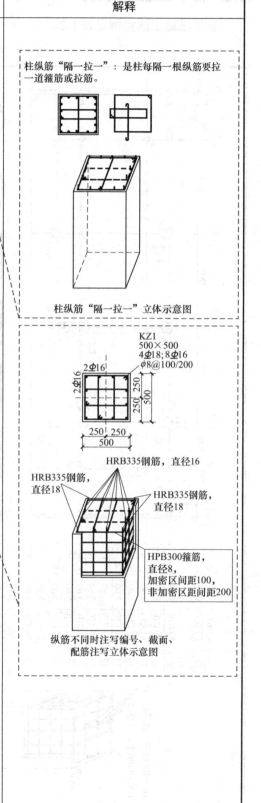

1.2 柱平法施工图实例

柱平法施工图实例见表1-2。

表1-2 柱平法施工图实例表

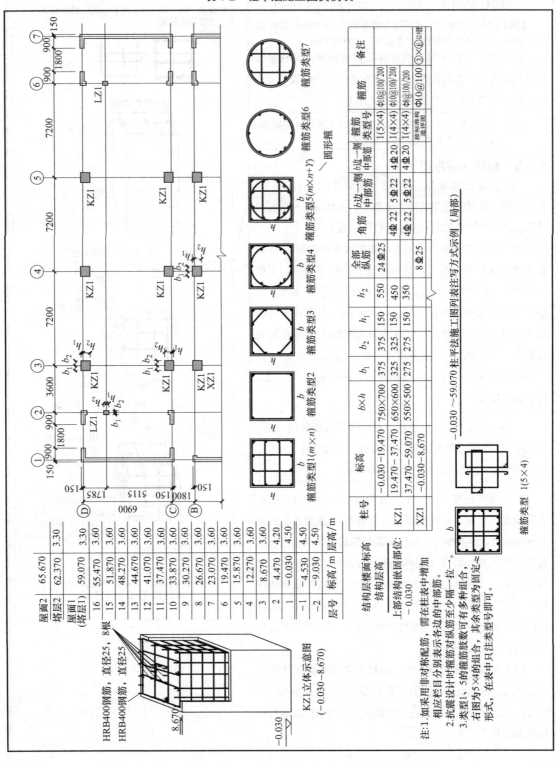

续表

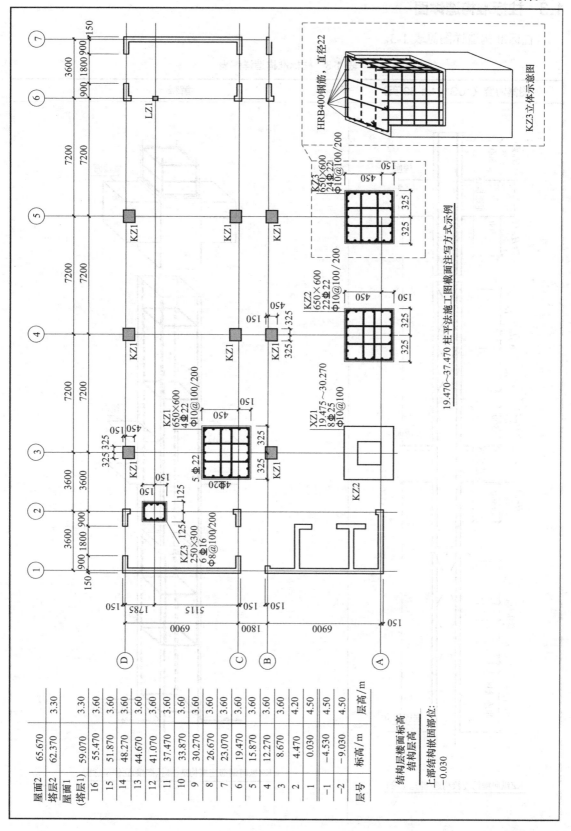

1.3 柱标准构造详图

柱标准构造详图见表1-3。

表1-3 柱标准构造详图表

图集内容（16G101-1-63页）	解释
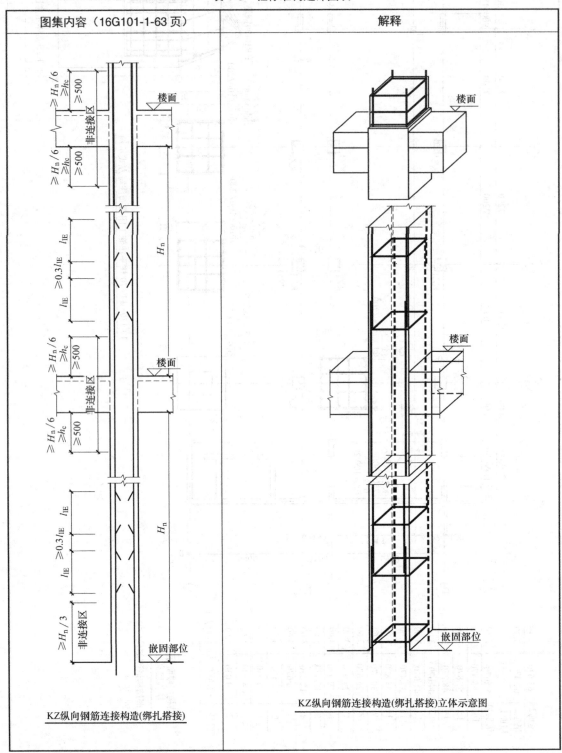	
KZ纵向钢筋连接构造(绑扎搭接)	KZ纵向钢筋连接构造(绑扎搭接)立体示意图

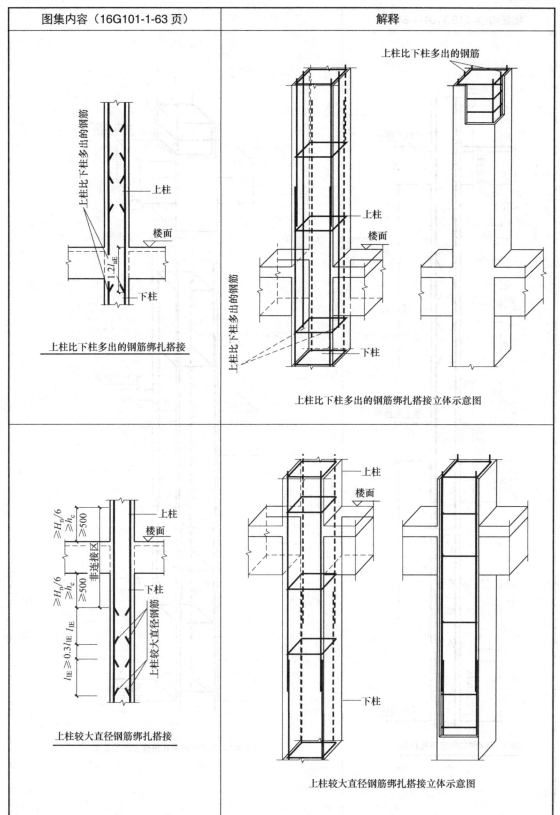

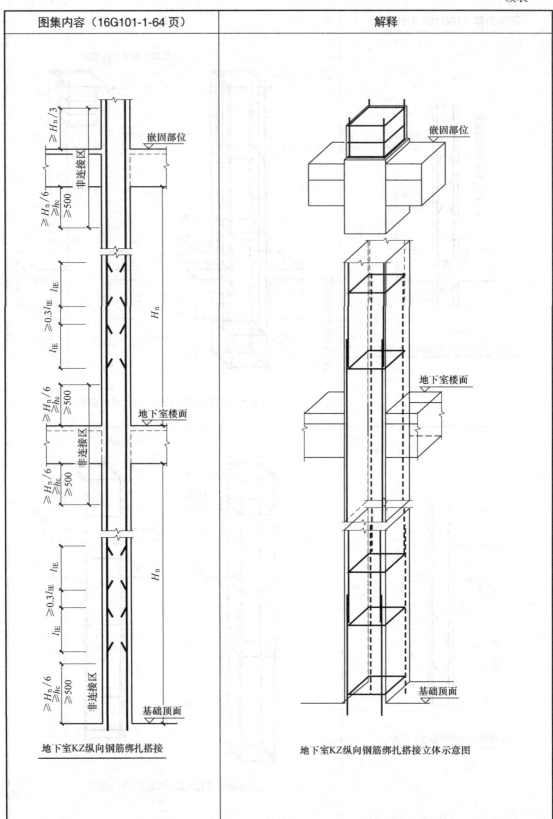

续表

图集内容（16G101-1-64页）	解释
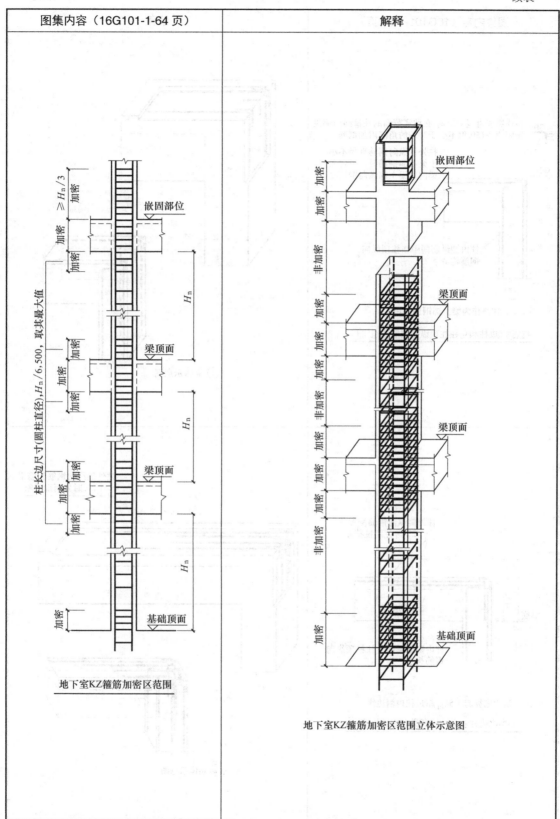 地下室KZ箍筋加密区范围	地下室KZ箍筋加密区范围立体示意图

续表

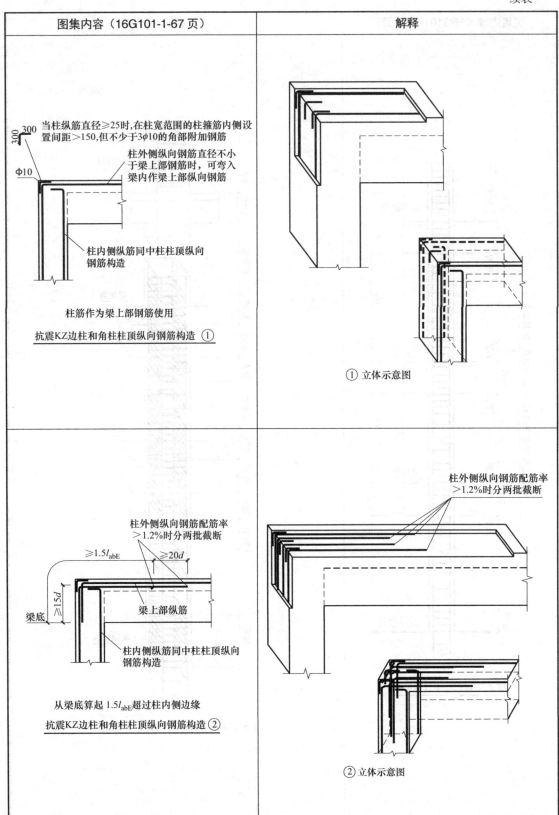

续表

图集内容（16G101-1-67页）	解释
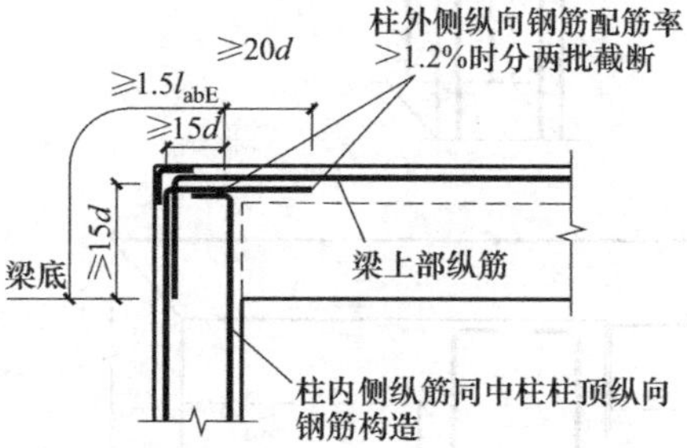 ≥20d ≥1.5l_{abE} ≥15d ≥15d 梁底 柱外侧纵向钢筋配筋率 ＞1.2%时分两批截断 梁上部纵筋 柱内侧纵筋同中柱柱顶纵向钢筋构造 从梁底算起1.5l_{abE}未超过柱内侧边缘 <u>抗震KZ边柱和角柱柱顶纵向钢筋构造③</u>	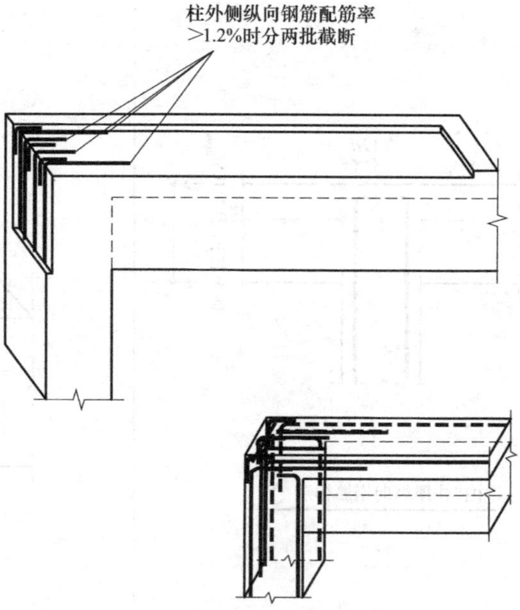 柱外侧纵向钢筋配筋率＞1.2%时分两批截断 ③ 立体示意图
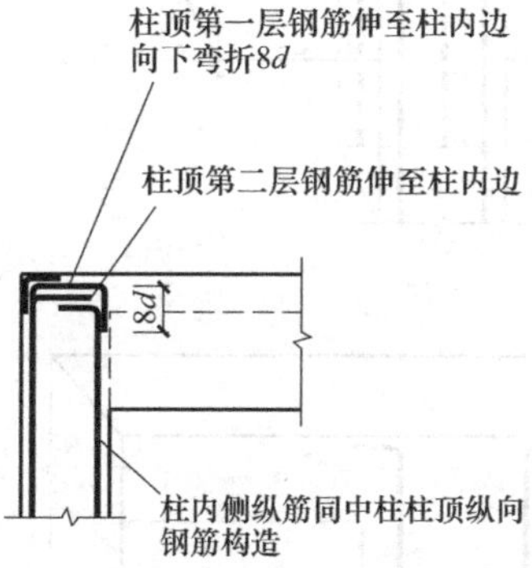 柱顶第一层钢筋伸至柱内边向下弯折8d 柱顶第二层钢筋伸至柱内边 8d 柱内侧纵筋同中柱柱顶纵向钢筋构造 ④（用于②或③节点未伸入梁内的柱外侧钢筋锚固） 当现浇板厚度不小于100时，也可按②节点方式伸入板内锚固，且伸入板内长度不宜小于15d <u>抗震KZ边柱和角柱柱顶纵向钢筋构造④</u>	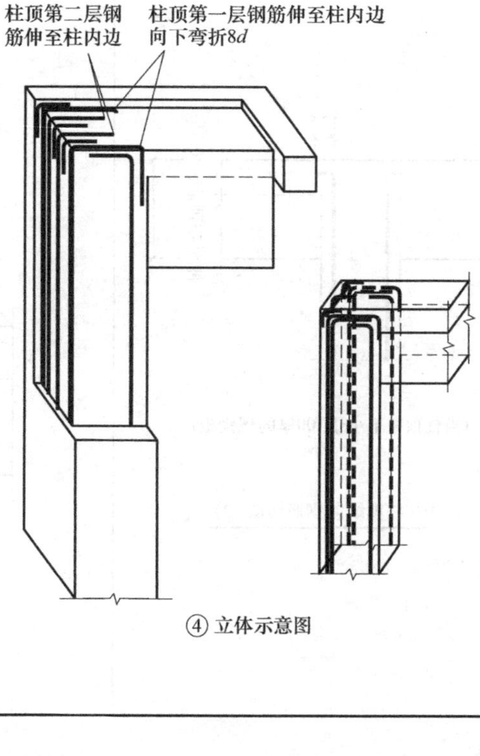 柱顶第二层钢筋伸至柱内边　柱顶第一层钢筋伸至柱内边向下弯折8d ④ 立体示意图

11

续表

图集内容（16G101-1-68页）	解释
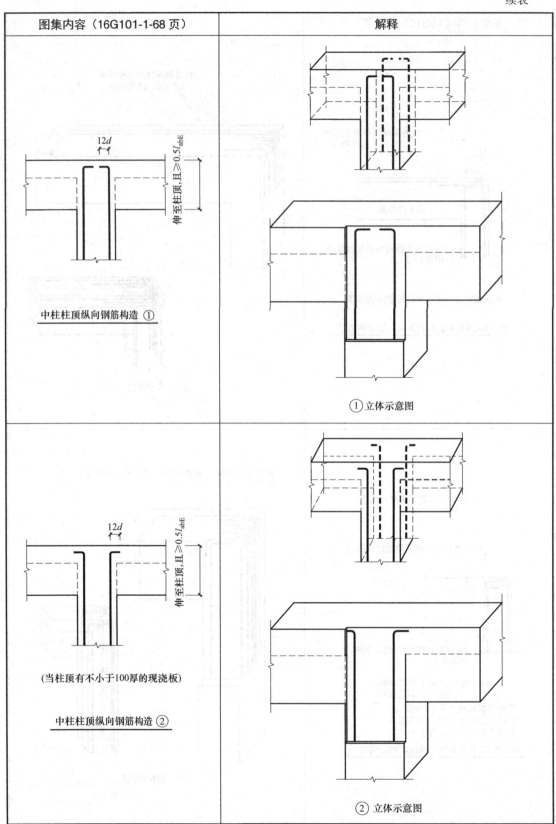	

中柱柱顶纵向钢筋构造 ①

(当柱顶有不小于100厚的现浇板)

中柱柱顶纵向钢筋构造 ②

① 立体示意图

② 立体示意图

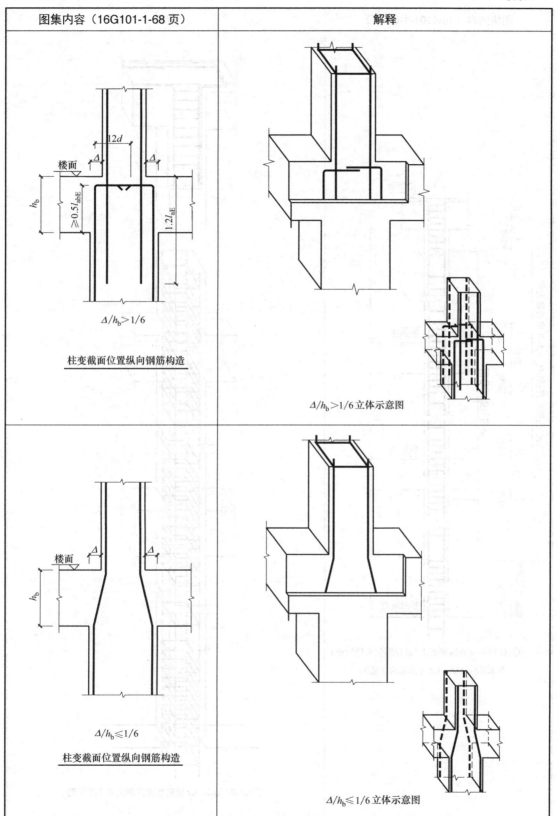

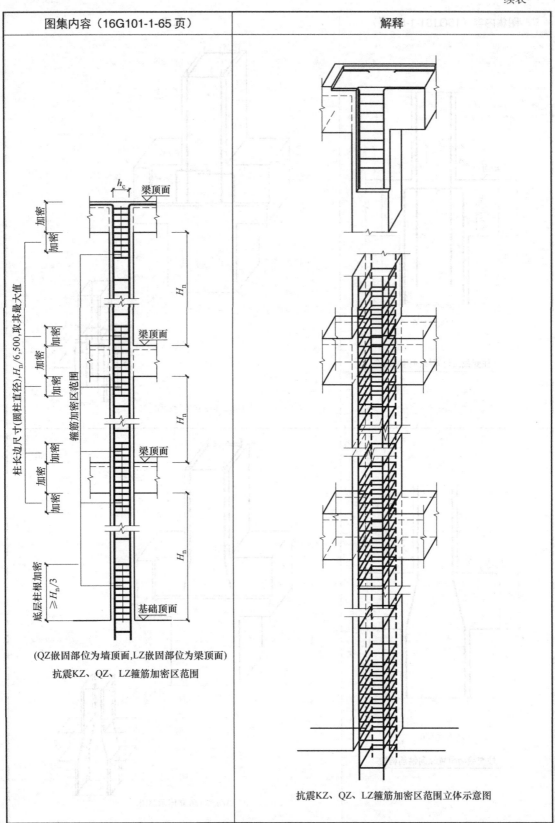

续表

图集内容（16G101-1-65页）	解释

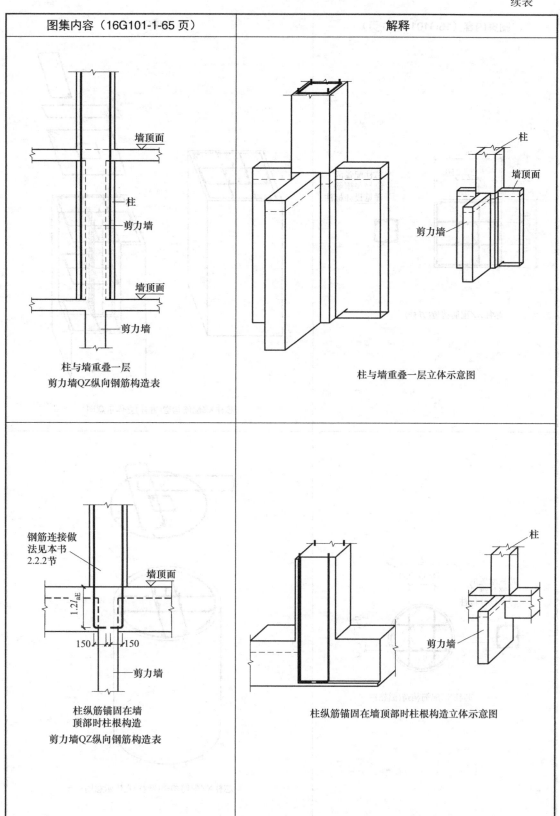

柱与墙重叠一层
剪力墙QZ纵向钢筋构造表

柱与墙重叠一层立体示意图

柱纵筋锚固在墙
顶部时柱根构造
剪力墙QZ纵向钢筋构造表

柱纵筋锚固在墙顶部时柱根构造立体示意图

15

图集内容（16G101-1-70页）	解释
芯柱XZ配筋构造(方柱)	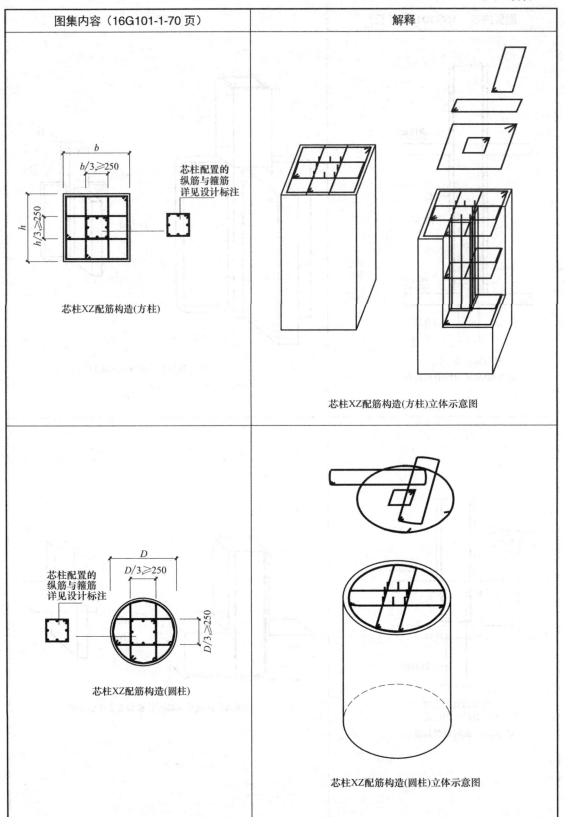

芯柱XZ配筋构造(方柱)立体示意图

芯柱XZ配筋构造(圆柱)立体示意图 |

续表

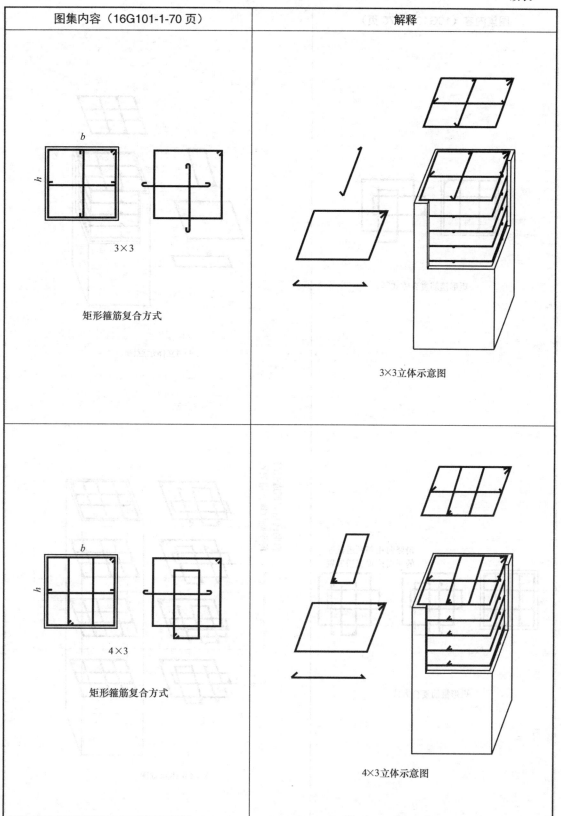

续表

图集内容（16G101-1-70页）	解释

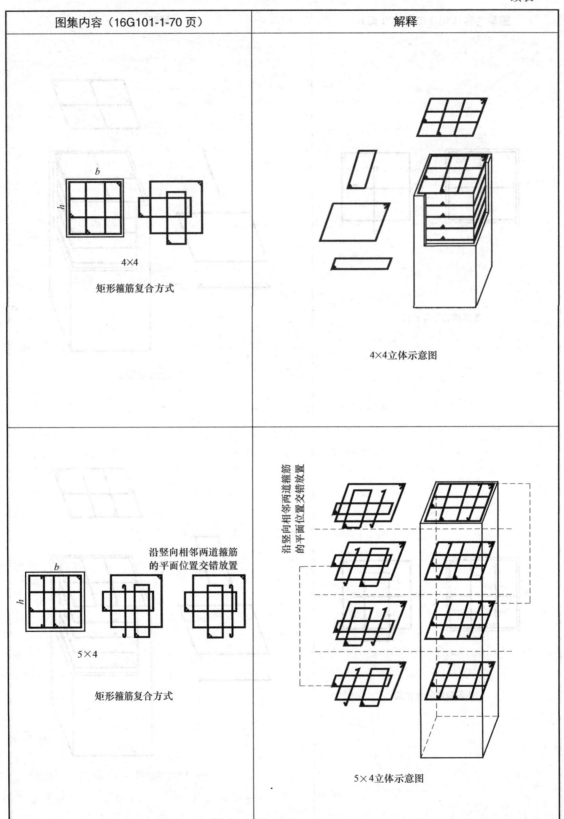

第 2 章 剪力墙平法施工图导读

2.1 剪力墙平法施工图制图规则

剪力墙平法施工图制图规则见表 2-1。

表 2-1 剪力墙平法施工图制图规则表

图集内容（16G101-1-13，14页）	解释
2.1.1 剪力墙平法施工图的表示方法 （1）剪力墙平法施工图系在剪力墙平面布置图上采用列表注写方式或截面注写方式表达。 （2）剪力墙平面布置图可采用适当比例单独绘制，也可与柱或梁平面布置图合并绘制。当剪力墙较复杂或采用截面注写方式时，应按标准层分别绘制剪力墙平面布置图。 （3）在剪力墙平法施工图中，应按本规定注明各结构层的楼面标高、结构层高及相应的结构层号，尚应注明各结构层的楼面标高、结构层高及相应的结构层号，尚应注明上部结构嵌固部位位置。 （4）对于轴线未居中的剪力墙（包括端柱），应标注其偏心定位尺寸。 **2.1.2 列表注写方式** （1）为表达清楚、简便，剪力墙可视为由剪力墙柱、剪力墙身和剪力墙梁三类构件构成。 列表注写方式，系分别在剪力墙柱表、剪力墙身表和剪力墙梁表中，对应于剪力墙平面布置图上的编号，用绘制截面配筋图并注写几何尺寸与配筋具体数值的方式，来表达剪力墙平法施工图（见 2.2）。 （2）编号规定将剪力墙按剪力墙柱、剪力墙身、剪力墙梁（简称为墙柱、墙身、墙梁）三类构件分别编号。 ① 墙柱编号，由墙柱类型代号和序号组成，表达形式应符合下表的规定。 **墙 柱 编 号** | 墙柱类型 | 代号 | 序号 | |---|---|---| | 约束边缘构件 | YBZ | ×× | | 构造边缘构件 | GBZ | ×× | | 非边缘暗柱 | AZ | ×× | | 扶壁柱 | FBZ | ×× | 注：约束边缘构件包括约束边缘暗柱、约束边缘端柱、约束边缘翼墙、约束边缘转角墙四种（见下图）。构造边缘构件包括构造边缘暗柱、构造边缘端柱、构造边缘翼墙、构造边缘转角墙四种（见下图）。	约束边缘暗柱立体示意图 约束边缘柱端立体示意图

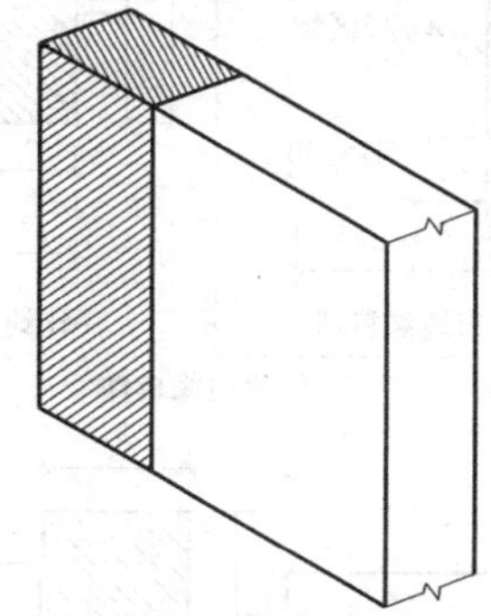

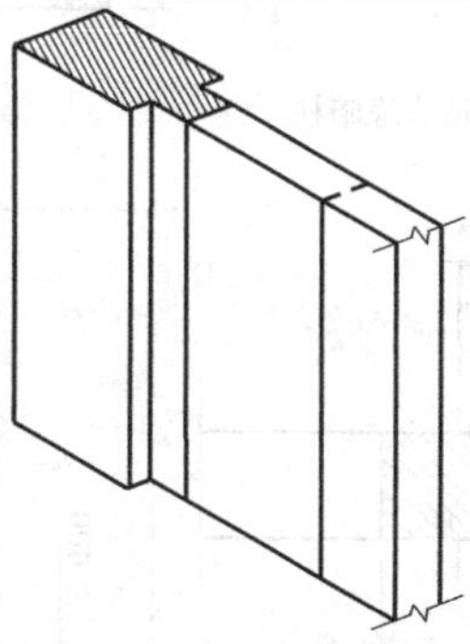

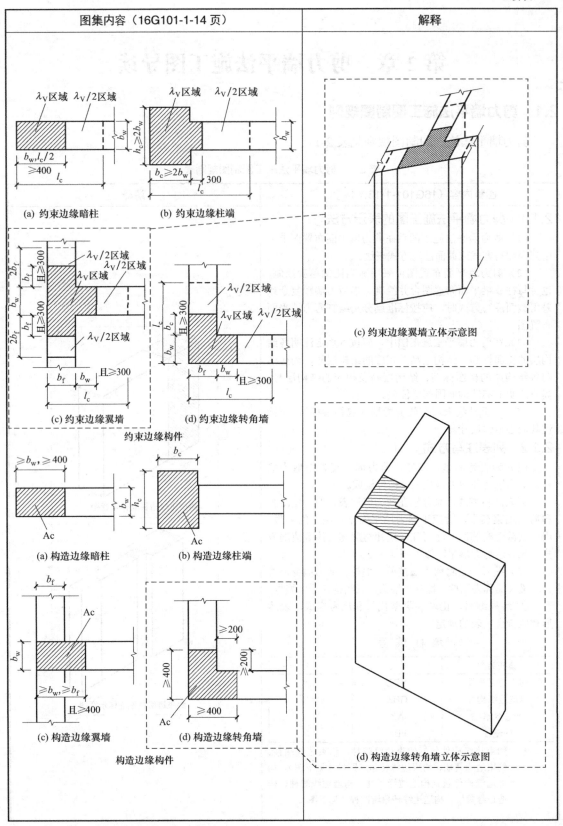

续表

图集内容（16G101-1-14，15页）	解释
② 墙身编号，由墙身代号、序号以及墙身所配置的水平与竖向分布钢筋的排数组成，其中，排数注写在括号内。表达形式为： $$Q\times\times(\times 排)$$ 注：1. 在编号中：如若干墙柱的截面尺寸与配筋均相同，仅截面与轴线的关系不同时，可将其编为同一墙柱号；又如若干墙身的厚度尺寸和配筋均相同，仅墙身与轴线的关系不同或墙身长度不同时，也可将其编为同一墙身号，但应在图中注明与轴线的几何关系。 2. 当墙身所设置的水平与竖向分布钢筋的排数为2时可不注。 3. 对于分布钢筋网的排数规定：非抗震，当剪力墙厚度大于160时，应配置双排；当其厚度不大于160时，宜配置双排。抗震，当剪力墙厚度不大于400时，应配置三排，当剪力墙厚度大于700时，宜配置四排。 各排水平分布钢筋和竖向分布钢筋的直径与间距宜保持一致。 当剪力墙配置的分布钢筋多于两排时，剪力墙拉筋两端应同时勾住外排水平纵筋和竖向纵筋，还应与剪力墙内排水平纵筋和竖向纵筋绑扎在一起。 ③ 墙梁编号，由墙梁类型代号和序号组成，表达形式应符合下表的规定。	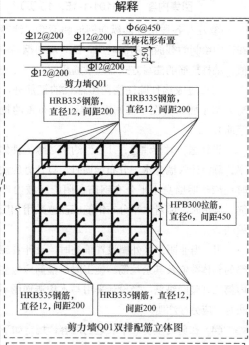 剪力墙Q01双排配筋立体图

墙梁编号

墙梁类型	代号	序号
连梁	LL	××
连梁（对角暗撑配筋）	LL（JL）	××
连梁（交叉斜筋配筋）	LL（JX）	××
连梁（集中对角斜筋配筋）	LL（DX）	××
暗梁	AL	××
边框梁	BKL	××

注：在具体工程中，当某些墙身需设置暗梁或边框梁时，宜在剪力墙平法施工图中绘制暗梁或边框梁的平面布置图并编号，以明确其具体位置。

(3) 在剪力墙柱表中表达的内容，规定如下：
① 注写墙柱编号，绘制该墙柱的截面配筋图，标注墙柱几何尺寸。
　a. 约束边缘构件需注明阴影部分尺寸。
　注：剪力墙平面布置图中应注明约束边缘构件沿墙肢长度 l_c（约束边缘翼墙中沿墙肢长度尺寸为2bf时可不注）。
　b. 构造边缘构件需注明阴影部分尺寸。
　c. 扶壁柱及非边缘暗柱需标注几何尺寸。
② 注写各段墙柱的起止标高，自墙柱根部往上以变截面位置或截面未变但配筋改变处为界分段注写。墙柱根部标高一般指基础顶面标高（部分框支剪力墙结构则为框支梁顶面标高）。

连梁：连梁是指在剪力墙结构和框架—剪力墙结构中，连接墙肢与墙肢，在墙肢平面内相连的梁，连梁是剪力墙中洞口上部与剪力墙相同厚度的梁。

暗梁：暗梁的位置是他完全隐藏在板类构件或者混凝土墙类构件中，这是它被称为暗梁的原因。暗梁是剪力墙中无洞口处与剪力墙相同厚度的梁。

边框梁：边框梁是指框架边梁与剪力墙的特殊构造。
边框梁（BKL）是指在剪力墙中部或顶部布置的、比剪力墙的厚度还加宽的梁，边框梁虽有个框字，却与框架结构、框架梁无关。

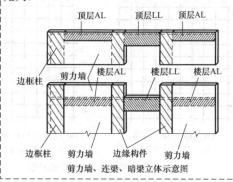
剪力墙、连梁、暗梁立体示意图

续表

图集内容（16G101-1-15，16页）	解释
③ 注写各段墙柱的纵向钢筋和箍筋，注写值应与在表中绘制的截面配筋图对应一致。纵向钢筋注总配筋值；墙柱箍筋的注写方式与柱箍筋相同。 约束边缘构件除注写阴影部位的箍筋外，尚需在剪力墙平面布置图中注写非阴影区内布置的拉筋（或箍筋）。 设计施工时应注意：Ⅰ.当约束边缘构件体积配箍率计算中计入墙身水平分布钢筋时，设计者应注明。此时还应注明墙身水平分布钢筋在阴影区域内设置的拉筋。施工时，墙身水平分布钢筋应注意采用相应的构造做法。 Ⅱ.当非阴影区外圈设置箍筋时，设计者应注明箍筋的具体数值及其余拉筋。施工时，箍筋应包住阴影区内第二列竖向纵筋。当设计采用与本构造详图不同的做法时，应另行注明。 （4）在剪力墙身表中表达的内容，规定如下： ① 注写墙身编号（含水平与竖向分布钢筋的排数），见本书第2.1.2。 ② 注写各段墙身起止标高，自墙身根部往上以变截面位置或截面未变但配筋改变处为界分段注写。墙身根部标高一般指基础顶面标高（部分框支剪力墙结构则为框支梁的顶面标高）。 ③ 注写水平分布钢筋、竖向分布钢筋和拉筋的具体数值。注写数值为一排水平分布钢筋和竖向分布钢筋的规格与间距，具体设置几排已经在墙身编号后面表达。 拉筋应注明布置方式"双向"或"梅花双向"，见下图（图中 a 为竖向分布钢筋间距，b 为水平分布钢筋间距）。 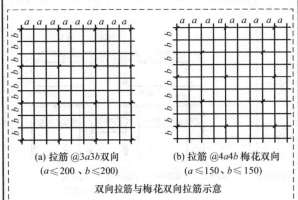 (a) 拉筋 @$3a3b$双向　　(b) 拉筋 @$4a4b$梅花双向 　　（$a \leq 200$、$b \leq 200$）　　　（$a \leq 150$、$b \leq 150$） 双向拉筋与梅花双向拉筋示意	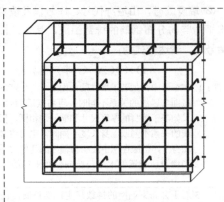 双向拉筋立体示意图 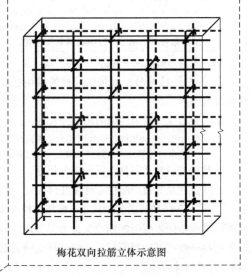 梅花双向拉筋立体示意图

图集内容（16G101-1-16，17页）	解释

图集内容（16G101-1-16，17页）

(5) 在剪力墙梁表中表达的内容，规定如下：
① 注写墙梁编号，见本书2.1.2。
② 注写墙梁所在楼层号。
③ 注写墙梁顶面标高高差，系指相对于墙梁所在结构层楼面标高的高差值。高于者为正值，低于者为负值，当无高差时不注。
④ 注写墙梁截面尺寸 $b \times h$，上部纵筋，下部纵筋和箍筋的具体数值。
⑤ 当连梁设有对角暗撑时［代号为LL（JC）××］，注写暗撑的截面尺寸（箍筋外皮尺寸）；注写一根暗撑的全部纵筋，并标注×2表明有两根暗撑相互交叉；注写暗撑箍筋的具体数值。
⑥ 当连梁设有交叉斜筋时［代号为LL（JX）××］，注写连梁一侧对角斜筋的配筋值，并标注×2表明对称设置；注写对角斜筋在连梁端部设置的拉筋根数、规格及直径，并标注×4表示四个角都设置；注写连梁一侧折线筋配筋值，并标注×2表明对称设置。
⑦ 当连梁设有集中对角斜筋时［代号为LL（DX）××］，注写一条对角线上的对角斜筋，并标注×2表明对称设置。

墙梁侧面纵筋的配置，当墙身水平分布钢筋满足连梁、暗梁及边框梁的梁侧面纵尚构造钢筋的要求时，该筋配置同墙身水平分布钢筋，表中不注，施工按标准构造详图的要求即可；当不满足时，应在表中补充注明梁侧面纵筋的具体数值（其在支座内的锚固要求同连梁中受力钢筋）。

(6) 采用列表注写方式分别表达剪力墙墙梁、墙身和墙柱的平法施工图示例见本书2.2。

2.1.3 截面注写方式

(1) 截面注写方式，系在分标准层绘制的剪力墙平面布置图上，以直接在墙柱、墙身、墙梁上注写截面尺寸和配筋具体数值的方式来表达剪力墙平法施工图（见本书2.2）。
(2) 选用适当比例原位放大绘制剪力墙平面布置图，其中对墙柱绘制配筋截面图；对所有墙柱、墙身、墙梁分别按本书2.1.2的规定进行编号，并分别在相同编号的墙柱、墙身、墙梁中选择一根墙柱、一道墙身、一根墙梁进行注写，其注写方式按以下规定进行。
① 从相同编号的墙柱中选择一个截面，注明几何尺寸，标注全部纵筋及箍筋的具体数值。

剪力墙梁表

编号	所在楼层号	梁顶相对标高高差	梁截面 $b \times h$	上部纵筋	下部纵筋	箍筋
LL1	2-9	0.800	300×2000	4Φ22	4Φ22	Φ10@100(2)
	10-16	0.800	250×2000	4Φ20	4Φ20	Φ10@100(2)
	屋面1		250×1200	4Φ20	4Φ20	Φ10@100(2)
LL2	3	-1.200	300×2520	4Φ22	4Φ22	Φ10@150(2)
	4	-0.900	300×2070	4Φ22	4Φ22	Φ10@150(2)
	5-9	-0.900	300×1770	4Φ22	4Φ22	Φ10@150(2)
	10-屋面1	-0.900	250×1770	3Φ22	3Φ22	Φ10@150(2)
LL3	3		300×2070	4Φ22	4Φ22	Φ10@100(2)
	4		300×1770	4Φ22	4Φ22	Φ10@100(2)
	4-9		300×1170	4Φ22	4Φ22	Φ10@100(2)
	10-屋面1		250×1170	3Φ22	3Φ22	Φ10@100(2)
LL4	2		250×2070	3Φ20	3Φ20	Φ10@120(2)
	3		250×1770	3Φ20	3Φ20	Φ10@120(2)
	4-屋面1		250×1170	3Φ20	3Φ20	Φ10@120(2)

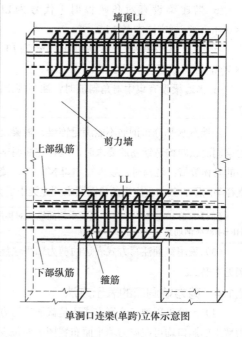

单洞口连梁(单跨)立体示意图

图集内容（16G101-1-17，18页）	解释
注：约束边缘构件除需注明阴影部分具体尺寸外，尚需注明约束边缘构件沿墙肢长度 l_c。约束边缘翼墙中沿墙肢长度尺寸为 $2h$ 时可不注。除注写阴影部位的箍筋外，尚需注写非阴影区内布置的拉筋（或箍筋）。当仅 l_c 不同时，可编为同一构件，但应单独注明 l_c 的具体尺寸并标注非阴影区内布置的拉筋（或箍筋）。 设计施工时应注意：当约束边缘构件体积配箍率计算中计入墙身水平分布钢筋时，设计者应注明。还应注明墙身水平分布钢筋在阴影区域内设置的拉筋。施工时，墙身水平分布钢筋应注意采用相应的构造做法。 ② 从相同编号的墙身中选择一道墙身，按顺序引注的内容为：墙身编号（应包括注写在括号内墙身所配置的水平与竖向分布钢筋的排数）、墙厚尺寸，水平分布钢筋、竖向分布钢筋和拉筋的具体数值。 ③ 从相同编号的墙梁中选择一根墙梁，按顺序引注的内容为： 　a. 注写墙梁编号、墙梁截面尺寸 $b×h$、墙梁箍筋、上部纵筋、下部纵筋和墙梁顶面标高高差的具体数值。其中，墙梁顶面标高高差的注写规定同本书 2.1.2。 　b. 当连梁设有对角暗撑时［代号为 LL（JC）××］，注写规定同本书 2.1.2。 　c. 当连梁设有交叉斜筋时［代号为 LL（DX）××］，注写规定同本书 2.1.2。 　d. 当连梁设有集中对角斜筋时，注写规定同本书 2.1.2。 　当墙身水平分布钢筋不能满足连梁、暗梁及边框梁的梁侧面纵向构造钢筋的要求时，应补充注明梁侧面纵筋的具体数值；注写时，以大写字母 N 打头，接续注写直径与间距。其在支座内的锚固要求同连梁中受力钢筋。 【例】N⊈10@150，表示墙梁两个侧面纵筋对称配置为：HRB400 级钢筋直径 10，间距为 150。 （3）采用截面注写方式表达的剪力墙平法施工图示例见本书 2.2。 **2.1.4　剪力墙洞口的表示方法** （1）无论采用列表注写方式还是截面注写方式，剪力墙上的洞口均可在剪力墙平面布置图上原位表达（见本书 2.2）。 （2）洞口的具体表示方法： ① 在剪力墙平面布置图上绘制洞口示意，并标注洞口中心的平面定位尺寸。	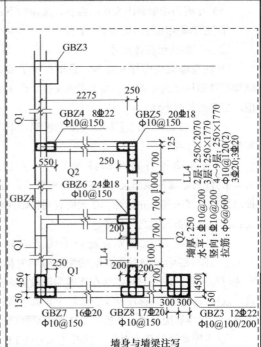 墙身与墙梁注写 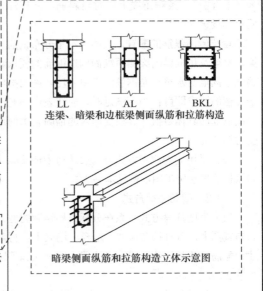 连梁、暗梁和边框梁侧面纵筋和拉筋构造 暗梁侧面纵筋和拉筋构造立体示意图

图集内容（16G101-1-18，19页）	解释
② 在洞口中心位置引注：洞口编号，洞口几何尺寸，洞口中心相对标高，洞口每边补强钢筋，共四项内容。具体规定如下： 　　a. 洞口编号：矩形洞口为JD××（××为序号），圆形洞口为YD××（××为序号）； 　　b. 洞口几何尺寸：矩形洞口为洞宽×洞高（$b \times h$），圆形洞口为洞口直径D； 　　c. 洞口中心相对标高，系相对于结构层楼（地）面标高的洞口中心高度。当其高于结构层楼面时为正值，低于结构层楼面时为负值。 　　d. 洞口每边补强钢筋，分以下几种不同情况： 　　ⓐ 当矩形洞口的洞宽、洞高均不大于800时，此项注写为洞口每边补强钢筋的具体数值（如果按标准构造详图设置补强钢筋时可不注）。当洞宽、洞高方向补强钢筋不一致时，分别注写洞宽方向、洞高方向补强钢筋，以"/"分隔。 【例】JD2 400×300+3.100 2⏀4，表示2号矩形洞口，洞宽400，洞高300，洞口中心距本结构层楼面3100，洞口每边补强钢筋为2⏀14。 【例】JD3 400×300+3.100，表示3号矩形洞口，洞宽400，洞高300，洞口中心距本结构层楼面3100，洞口每边补强钢筋按构造配置。 【例】JD4 800×300+3.100 3⏀8/3⏀14，表示4号矩形洞口洞宽800，洞高300，洞口中心距本结构层楼面3100，洞宽方向补强钢筋为3⏀18洞高方向补强钢筋为3⏀14。 　　ⓑ 当矩形或圆形洞口的洞宽或直径大于800时，在洞口的上、下需设置补强暗梁，此项注写为洞口上、下每边暗梁的纵筋与箍筋的具体数值（在标准构造详图中，补强暗梁梁高一律定为400，施工时按标准构造详图取值，设计不注。当设计者采用与该构造详图不同的做法时，应另行注明），圆形洞口时尚需注明环向加强钢筋的具体数值；当洞口上、下边为剪力墙连梁时，此项免注；洞口竖向两侧设置边缘构件时，亦不在此项表达（当洞口两侧不设置边缘构件时，设计者应给出具体做法）。 【例】JD5 1800×2100+1.800 6⏀20 ⏀8@150，表示5号矩形洞口，洞宽1800，洞高3100，洞口中心距本结构层楼面1800，洞口上下设补强暗梁，每边暗梁纵筋为6⏀20，箍筋为⏀8@150。 【例】YD5 1000+1.800 6⏀20 ⏀8@150，2⏀16表示5号圆形洞口，直径1000，洞口中心距本结构层楼面1800，洞口上下设补强暗梁，每边暗梁纵筋为6⏀20，箍筋为⏀8@150，环向加强钢筋2⏀16。	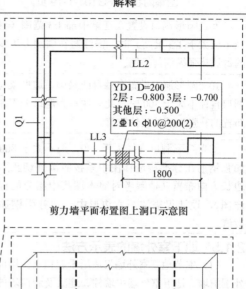 剪力墙平面布置图上洞口示意图 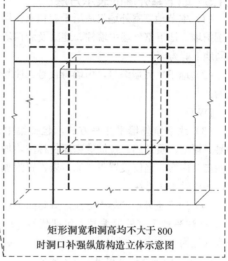 矩形洞宽和洞高均不大于800时洞口补强纵筋构造立体示意图 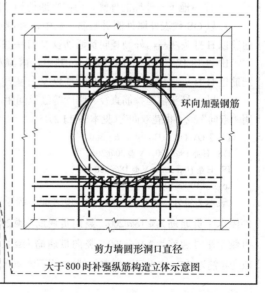 剪力墙圆形洞口直径大于800时补强纵筋构造立体示意图

续表

图集内容（16G101-1-19页）	解释
ⓒ当圆形洞口设置在连梁中部1/3范围（且圆洞直径不应大于1/3梁高）时，需注写在圆洞上下水平设置的每边补强纵筋与箍筋。 ⓓ当圆形洞口设置在墙身或暗梁、边框梁位置，且洞口直径不大于300时，此项注写为洞口上下左右每边布置的补强纵筋的具体数值。 ⓔ当圆形洞口直径大于300，但不大于800时，其加强钢筋在标准构造详图中系按照圆外切正六边形的边长方向布置（请参考对照本图集中相应的标准构造详图），设计仅需注写六边形中一边补强钢筋的具体数值。 **2.1.5 地下室外墙的表示方法** （1）本节地下室外墙仅适用于起挡土作用的地下室外围护墙。地下室外墙中墙柱、连梁及洞口等的表示方法同地上剪力墙。 （2）地下室外墙编号，由墙身代号、序号组成。表达为： 　　DWQ ×× （3）地下室外墙平注写方式，包括集中标注墙体编号、厚度、贯通筋、拉筋等和原位标注附加非贯通筋等两部分内容。当仅设置贯通筋，未设置附加非贯通筋时，则仅做集中标注。 （4）地下室外墙的集中标注，规定如下： ①注写地下室外墙编号，包括代号、序号、墙身长度（注为××-××轴）。 ②注写地下室外墙厚度 b_w =×××。 ③注写地下室外墙的外侧、内侧贯通筋和拉筋。 　a. 以 OS 代表外墙外侧贯通筋。其中，外侧水平贯通筋以 H 打头注写，外侧竖向贯通筋以 V 打头注写。 　b. 以 IS 代表外墙内侧贯通筋。其中，内侧水平贯通筋以 H 打头注写，内侧竖向贯通筋以 V 打头注写。 　c. 以 tb 打头注写拉筋直径、强度等级及间距，并注明"双向"或"梅花双向"（见本书2.1.2）。 【例】DWQ2（①-⑤）, b_w =300 　OS: H⫶18@200, V⫶20@200 　IS: H⫶16@200, V⫶18@200 　tb φ6@400@400 双向 　表示2号外墙，长度范围为①-⑥之间，墙厚为300；外侧水平贯通筋为⫶18@200，竖向贯通筋为⫶20@200；内侧水平贯通筋为⫶16@200，竖向贯通筋为⫶18@200，双向拉筋为 φ6，水平间距为400，竖向间距为400。	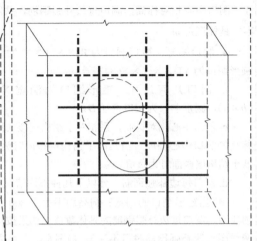 剪力墙圆形洞口直径不大于300时补强纵筋构造立体示意图 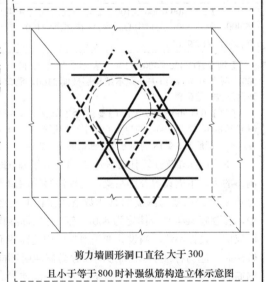 剪力墙圆形洞口直径 大于300且小于等于800时补强纵筋构造立体示意图

图集内容（16G101-1-19，20页）	解释
（5）地下室外墙的原位标注，主要表示在外墙外侧配置的水平非贯通筋或竖向非贯通筋。 　　当配置水平非贯通筋时，在地下室墙体平面图上原位标注。在地下室外墙外侧绘制粗实线段代表水平非贯通筋，在其上注写钢筋编号并以H打头注写钢筋强度等级、直径、分布间距，以及自支座中线向两边跨内的伸出长度值。当自支座中线向两侧对称伸出时，可仅在单侧标注跨内伸出长度，另一侧不注，此种情况下非贯通筋总长度为标注长度的2倍。边支座外非贯通钢筋的伸出长度值从支座外边缘算起。 　　地下室外墙外侧非贯通筋通常采用"隔一布一"方式与集中标注的贯通筋间隔布置，其标注间距应与贯通筋相同，两者结合后的实际分布间距为各自标注间距的1/2。 　　当地下室外墙外侧底部、顶部、中层楼板位置配置竖向非贯通筋时，应补充绘制地下室外墙竖向截面轮廓图并在其上原位标注。表示方法为在地下室外墙竖向截面轮廓图外侧绘制粗实线段代表竖向非贯通筋，在其上注写钢筋编号并以V打头注写钢筋强度等级、直径、分布间距，以及向上（下）层的伸出长度值，并在外墙竖向截面图名下注明分布范围（××-××轴）。 　　注：向层内的伸出长度值注写方式： 　　① 地下室外墙底部非贯通钢筋向层内的伸出长度值从基础底板顶面算起。 　　② 地下室外墙顶部非贯通钢筋向层内的伸出长度值从板底面算起。 　　③ 中层楼板处非贯通钢筋向层内的伸出长度值从板中间算起，当上下两侧伸出长度值相同时可仅注写一侧。 　　地下室外墙外侧水平、竖向非贯通筋配置相同者，可仅选择一处注写，其他可仅注写编号。 　　当在地下室外墙顶部设置通长加强钢筋时应注明。 　　设计时应注意：Ⅰ．设计者应根据具体情况判定扶壁柱或内墙是否作为墙身水平方向一的支座，以选择合理的配筋方式。 　　Ⅱ．本图集提供了"顶板作为外墙的简支支承"、"顶板作为外墙的弹性嵌固支承"两种做法，设计者应指定选用何种做法。 　　（6）采用平面注写方式表达的地下室剪力墙平法施工图示例见本书2.2。	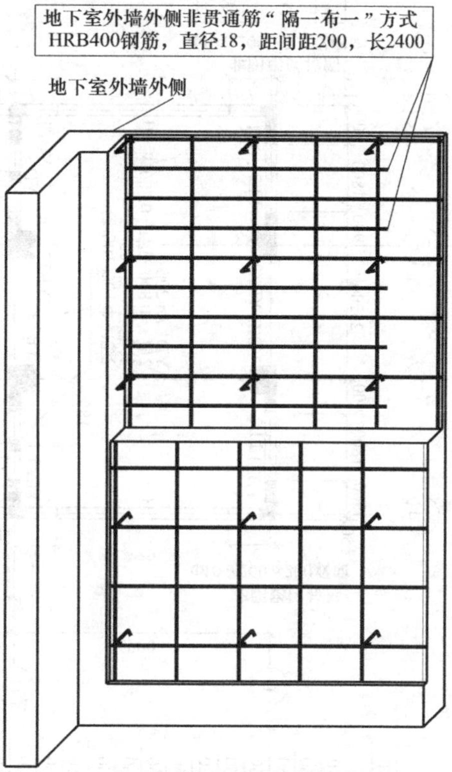 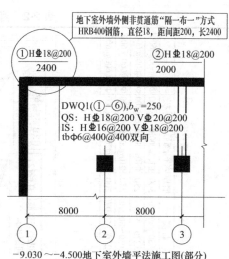

2.2 剪力墙平法施工图实例

剪力墙平法施工图实例见表 2-2。

表 2-2 剪力墙平法施工图实例表

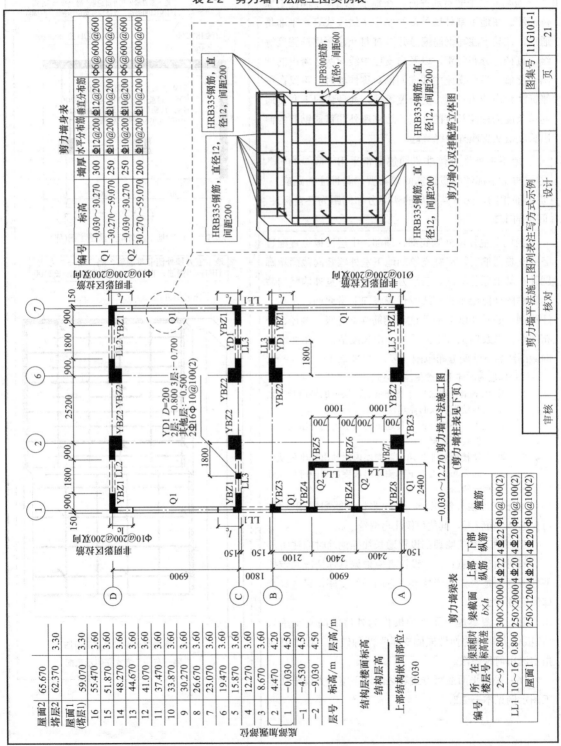

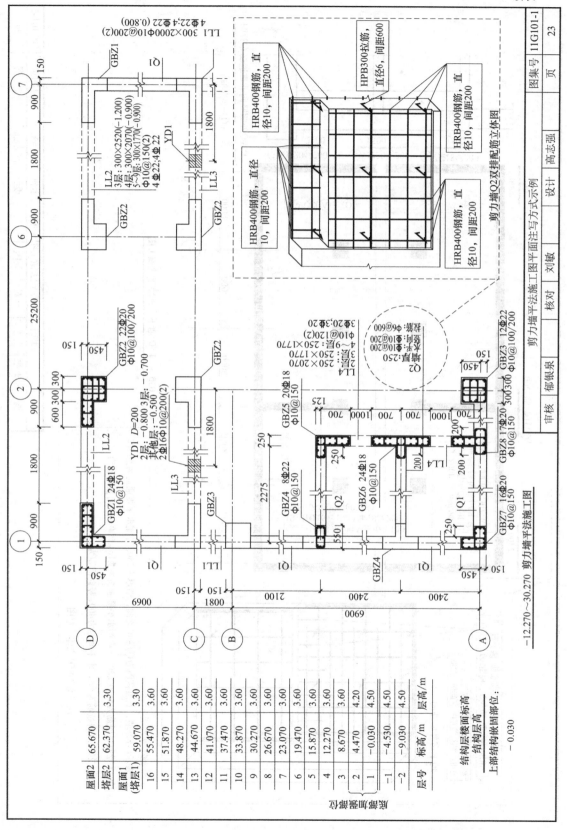

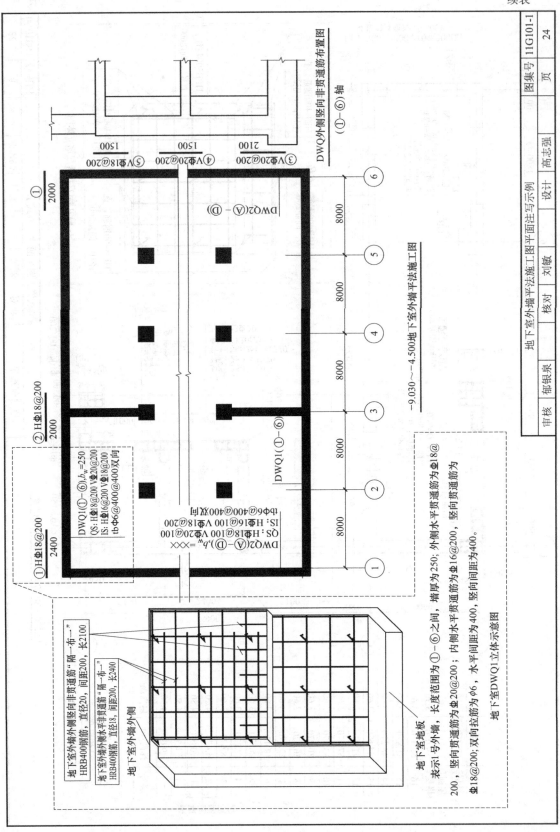

2.3 剪力墙标准构造详图

剪力墙标准构造详图见表2-3。

表2-3 剪力墙标准构造详图表

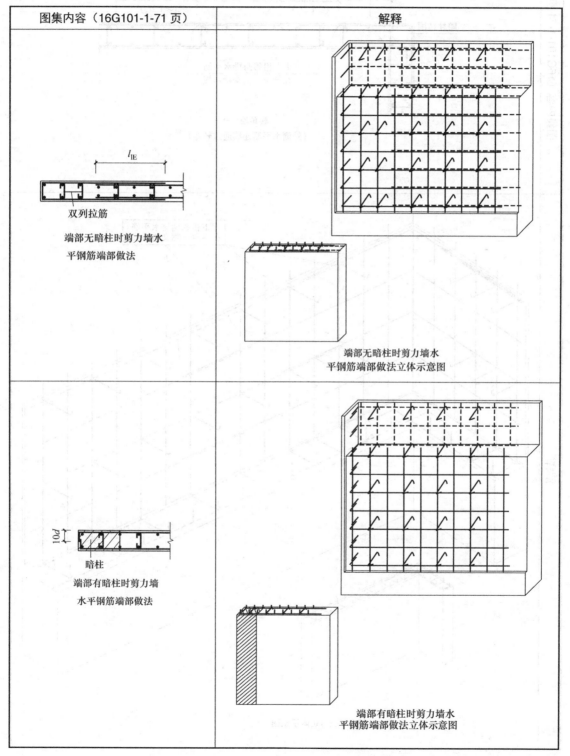

31

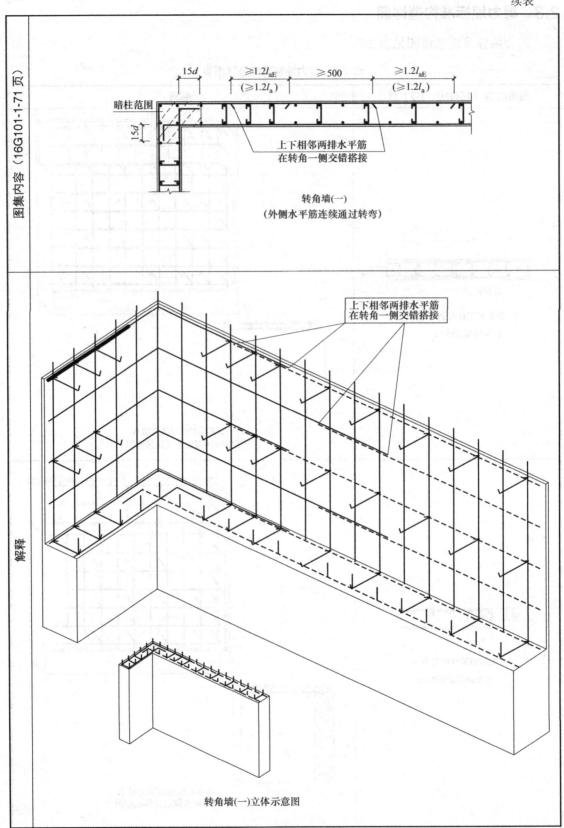

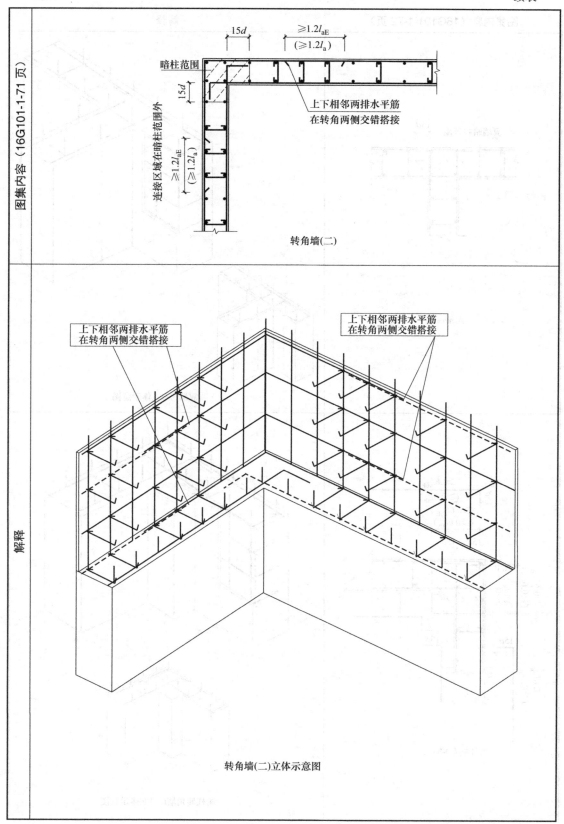

转角墙(二)立体示意图

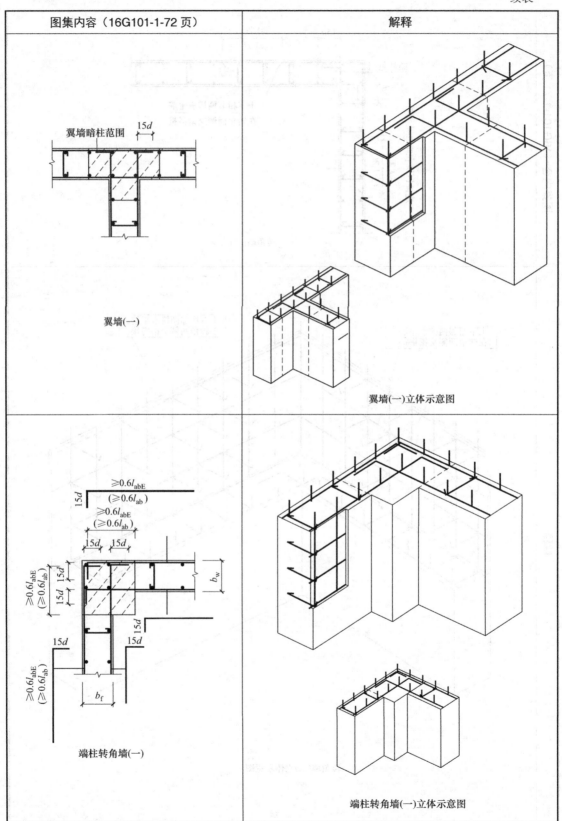

续表

图集内容（16G101-1-72页）	解释
端柱转角墙(二)	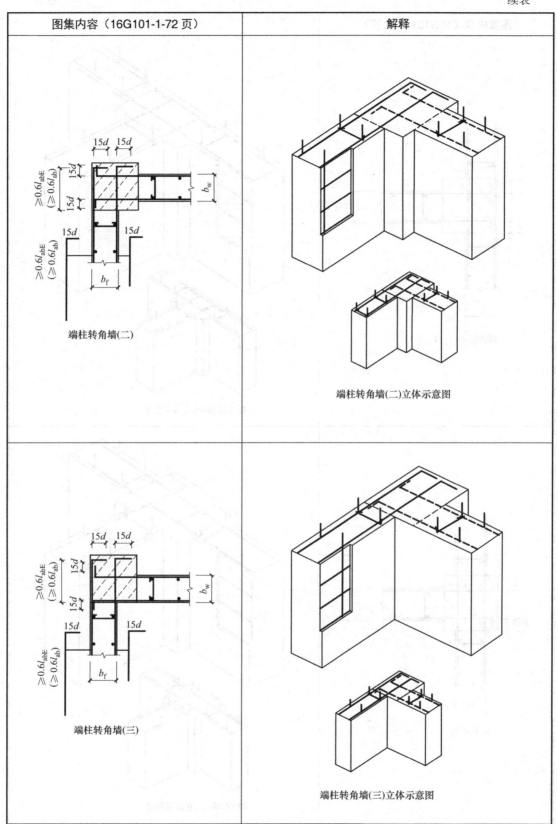 端柱转角墙(二)立体示意图 端柱转角墙(三)立体示意图
端柱转角墙(三)	

35

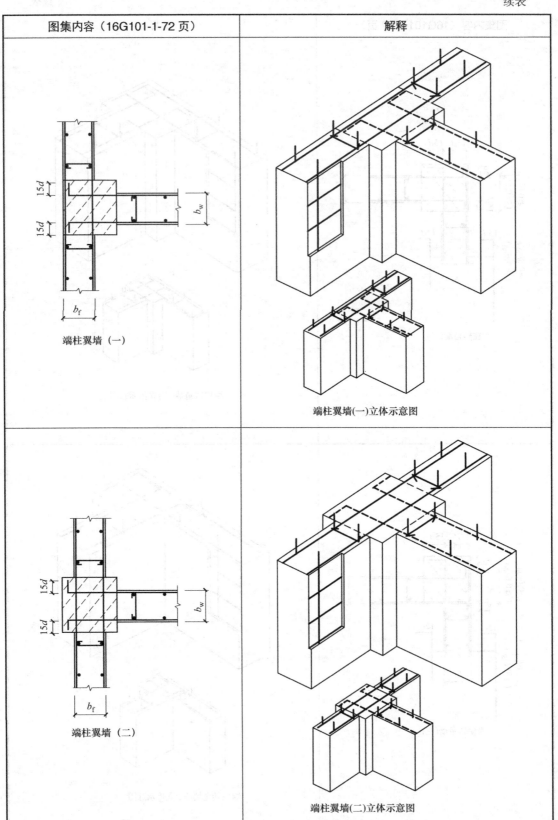

续表

图集内容（16G101-1-73页）	解释
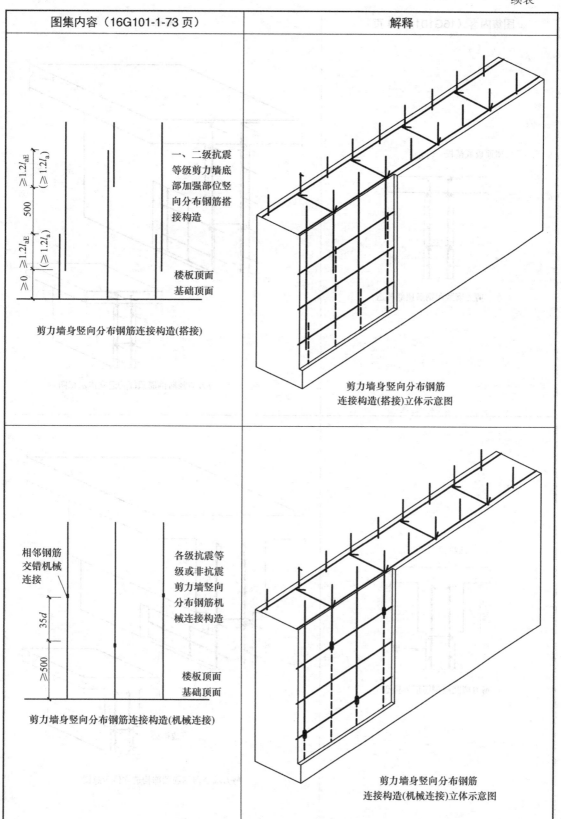	

续表

图集内容（16G101-1-74 页）	解释

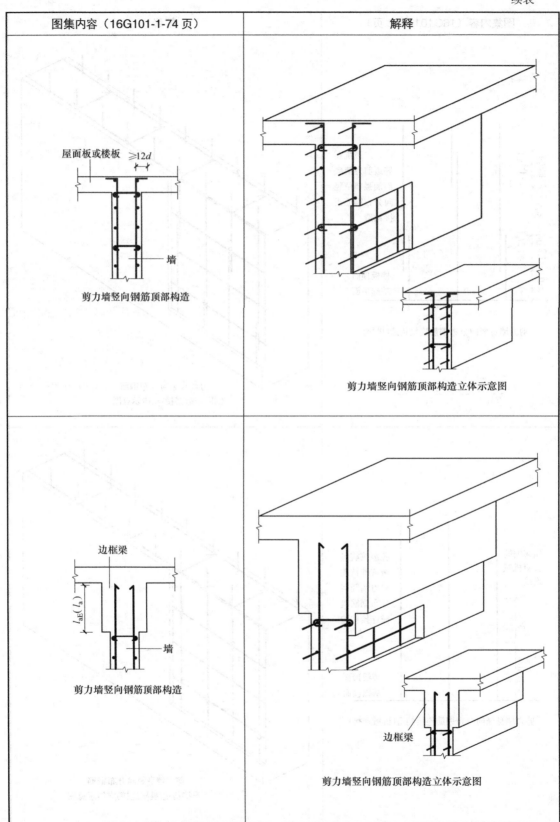

剪力墙竖向钢筋顶部构造

剪力墙竖向钢筋顶部构造立体示意图

剪力墙竖向钢筋顶部构造

剪力墙竖向钢筋顶部构造立体示意图

续表

图集内容（16G101-1-74页）	解释
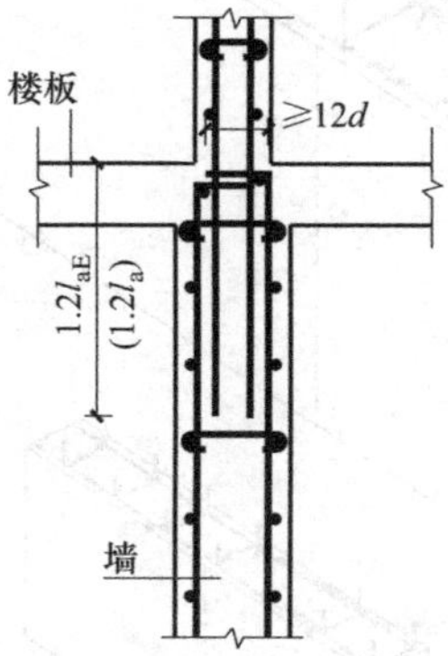 剪力墙变截面处竖向分布钢筋构造	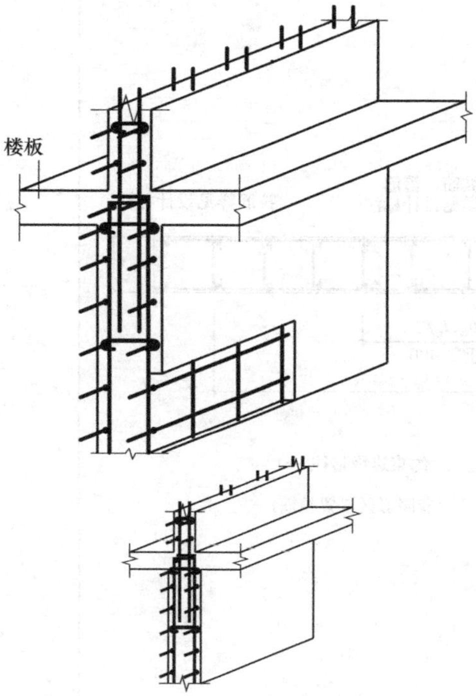 剪力墙变截面处竖向分布钢筋构造立体示意图
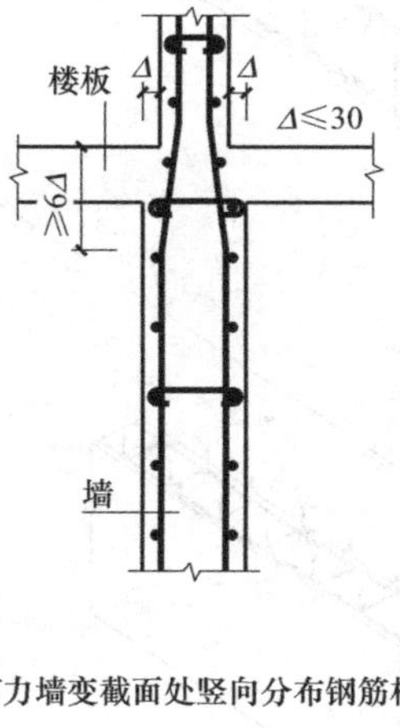 剪力墙变截面处竖向分布钢筋构造	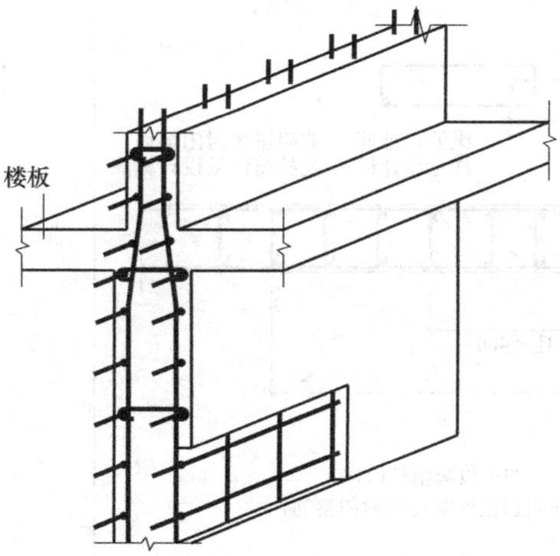 剪力墙变截面处竖向分布钢筋构造立体示意图

标注：$\geqslant 12d$，$1.2l_{aE}$（$1.2l_a$），$\Delta \leqslant 30$，$\geqslant 6\Delta$

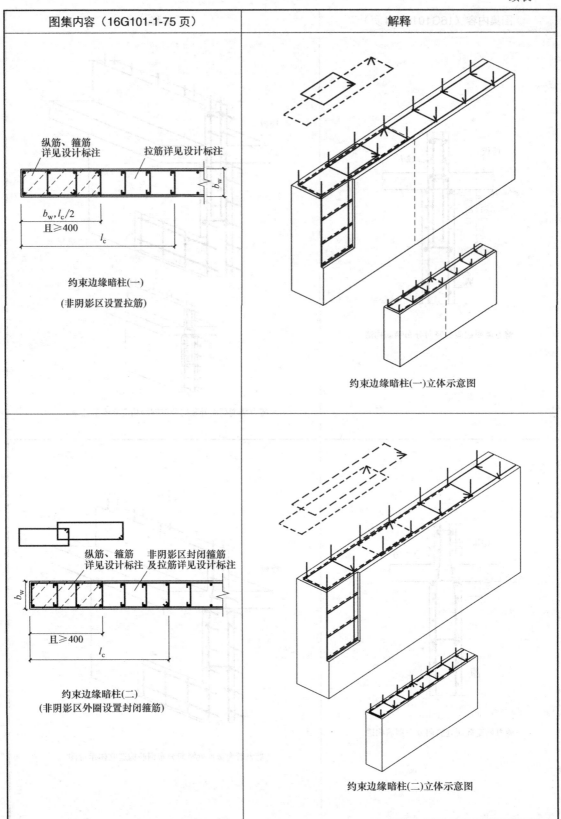

续表

图集内容（16G101-1-75页）	解释
约束边缘端柱(一) (非阴影区设置拉筋)	约束边缘端柱(一)立体示意图
约束边缘端柱(二) (非阴影区外圈设置封闭箍筋)	约束边缘端柱(二)立体示意图

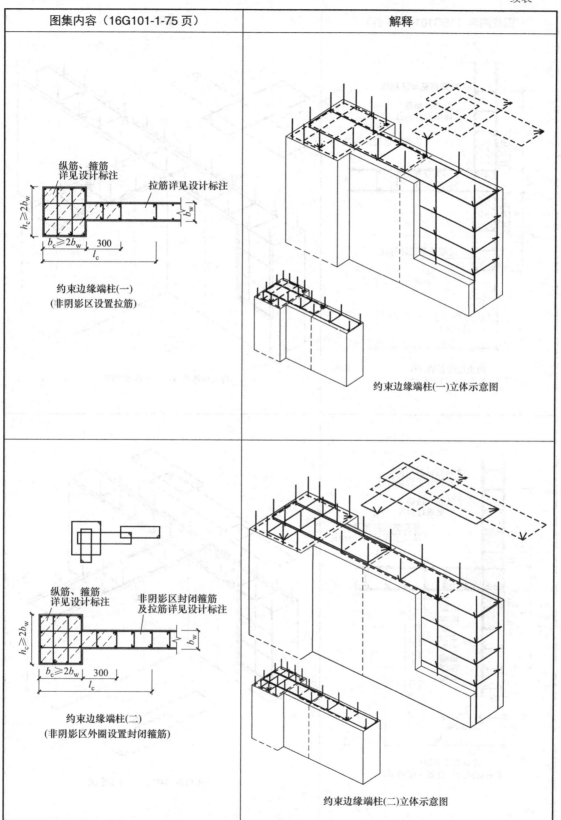

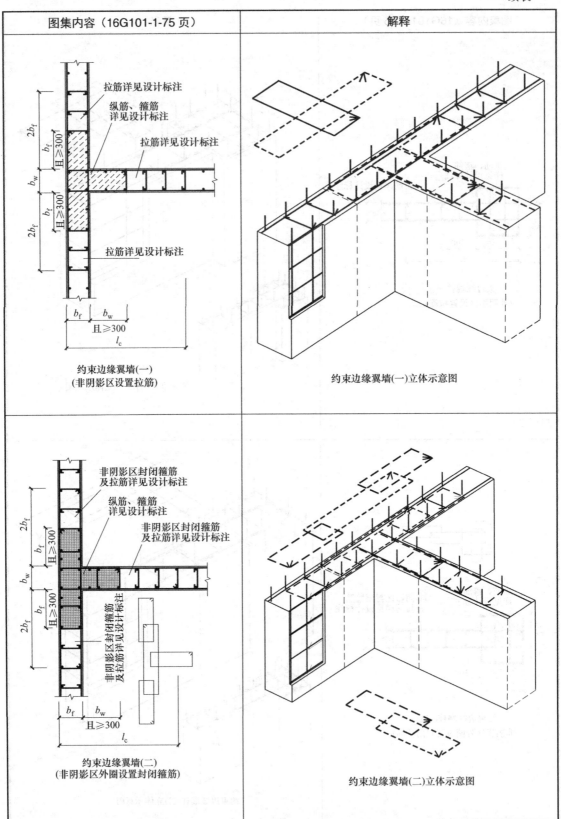

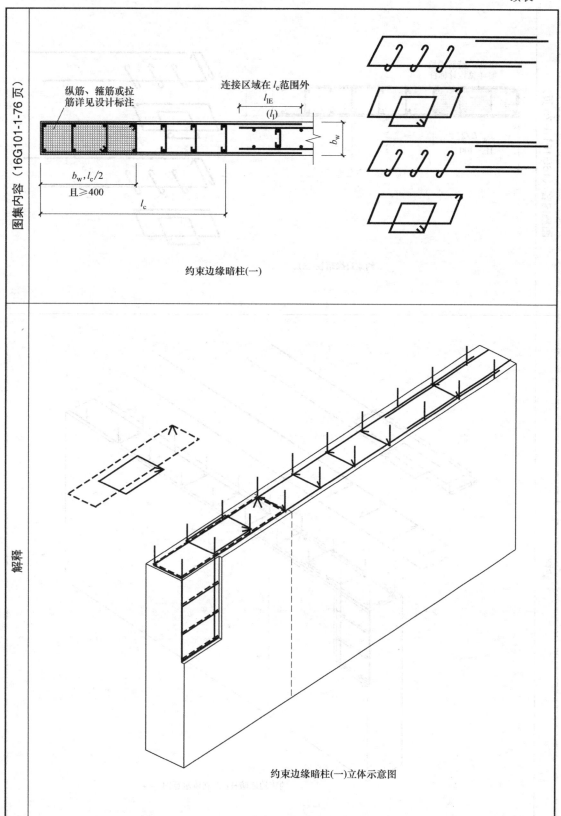

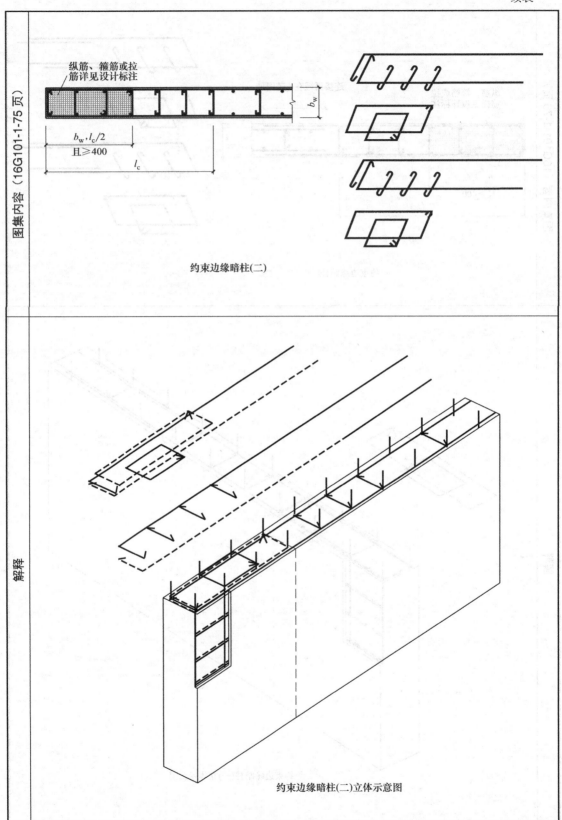

约束边缘暗柱(二)

约束边缘暗柱(二)立体示意图

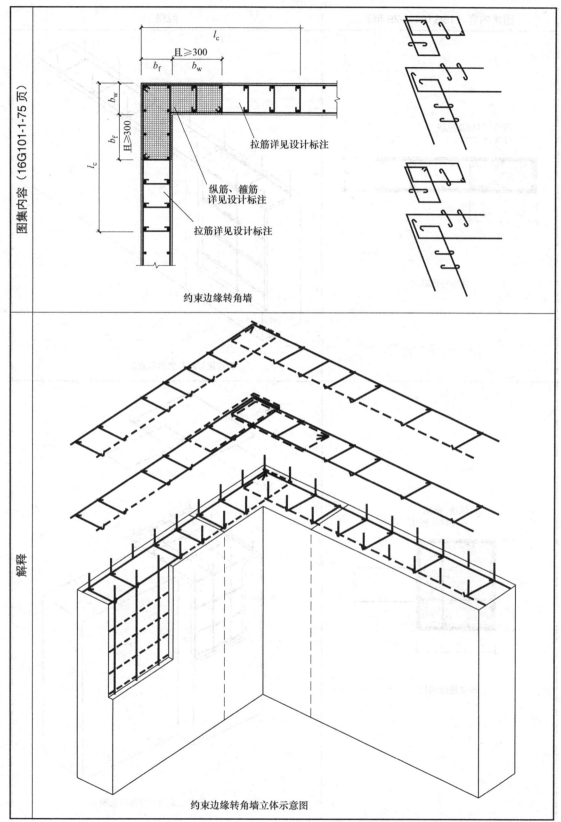

约束边缘转角墙

约束边缘转角墙立体示意图

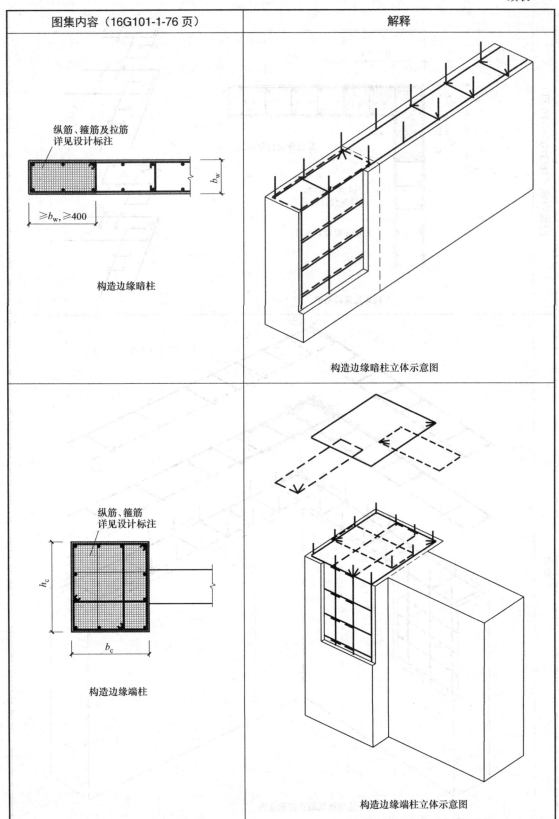

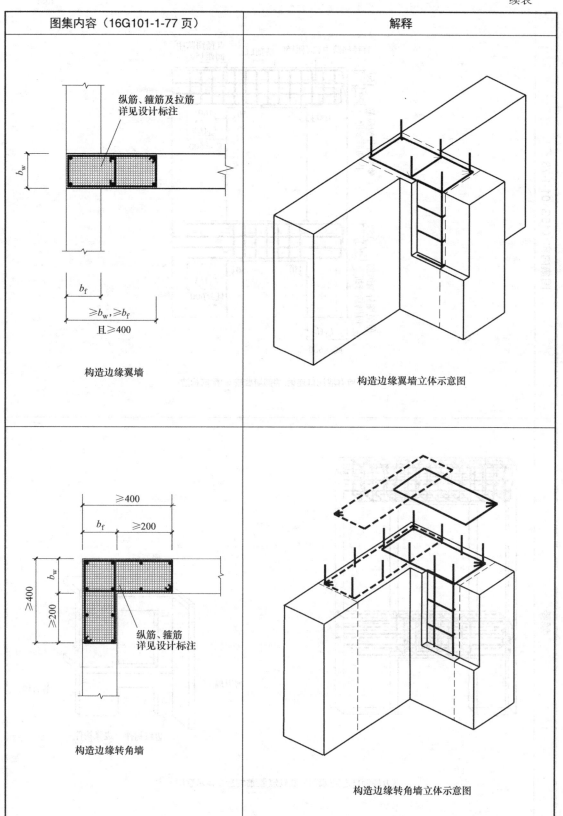

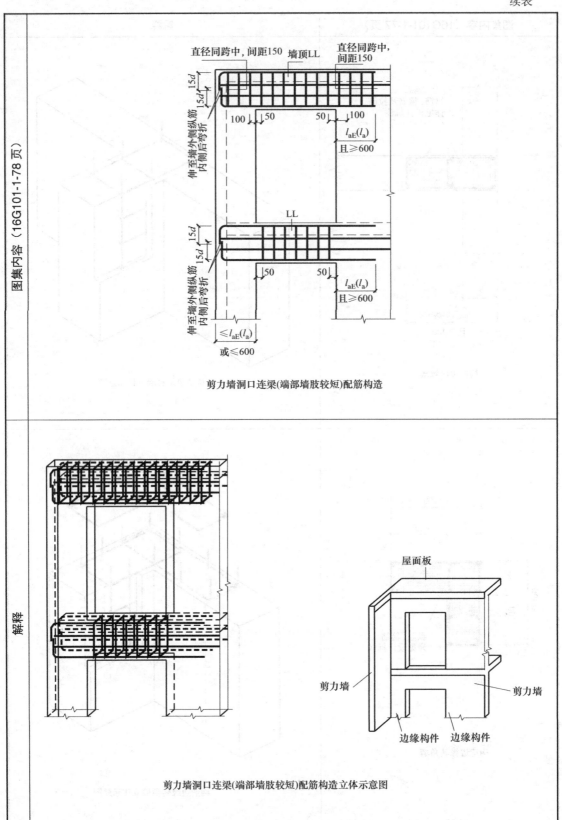

图集内容（16G101-1-78页）	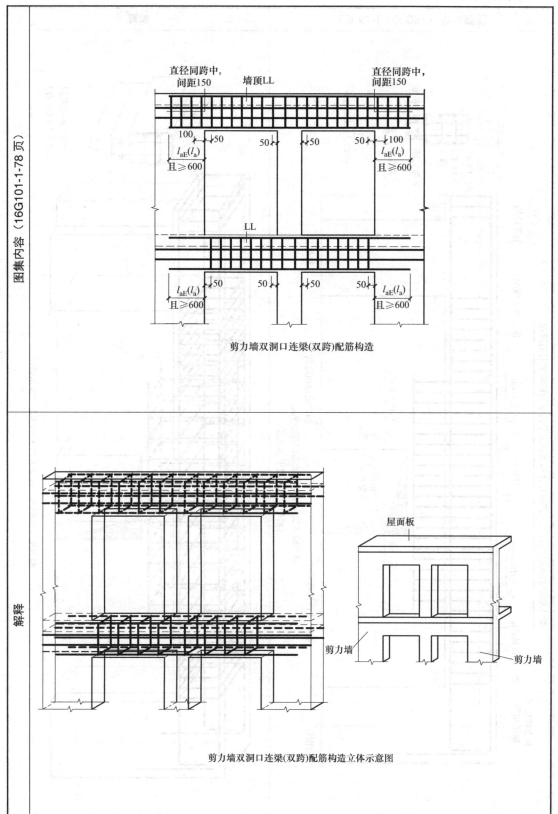 剪力墙双洞口连梁(双跨)配筋构造
解释	剪力墙双洞口连梁(双跨)配筋构造立体示意图

图集内容（16G101-1-79页）	解释
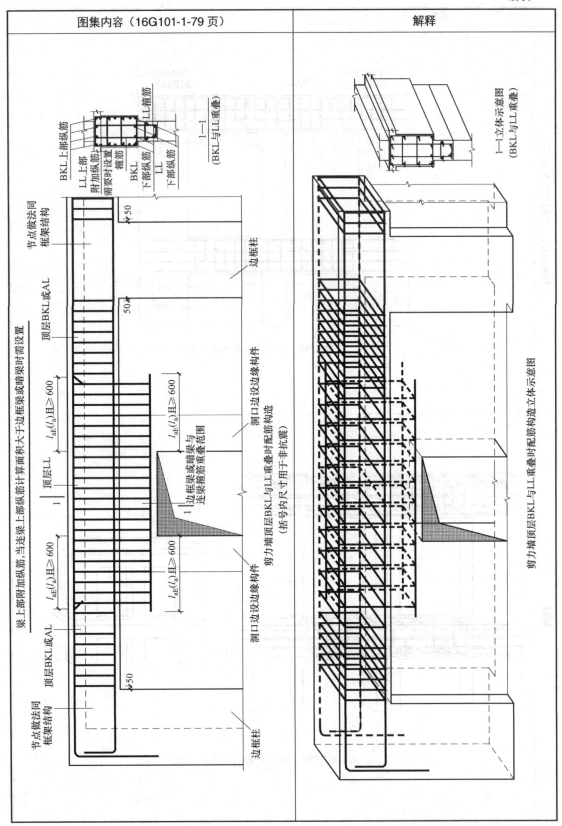	

续表

续表

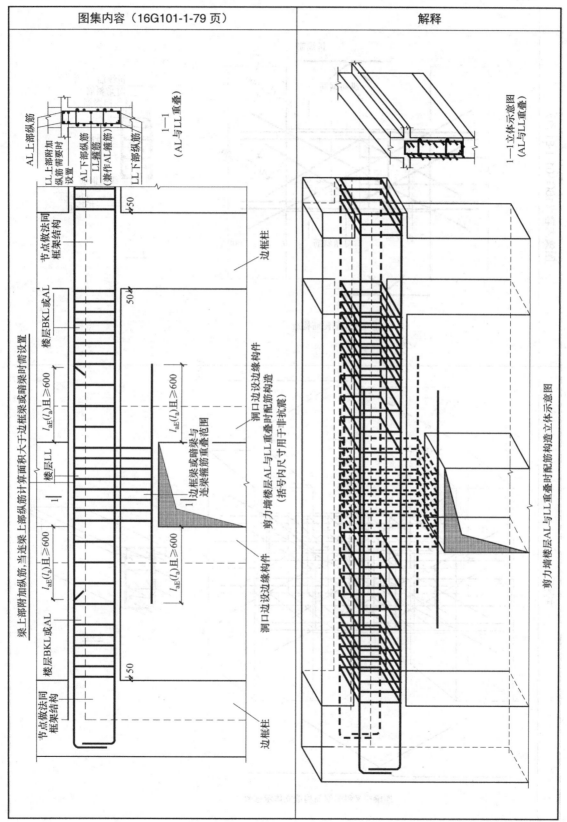

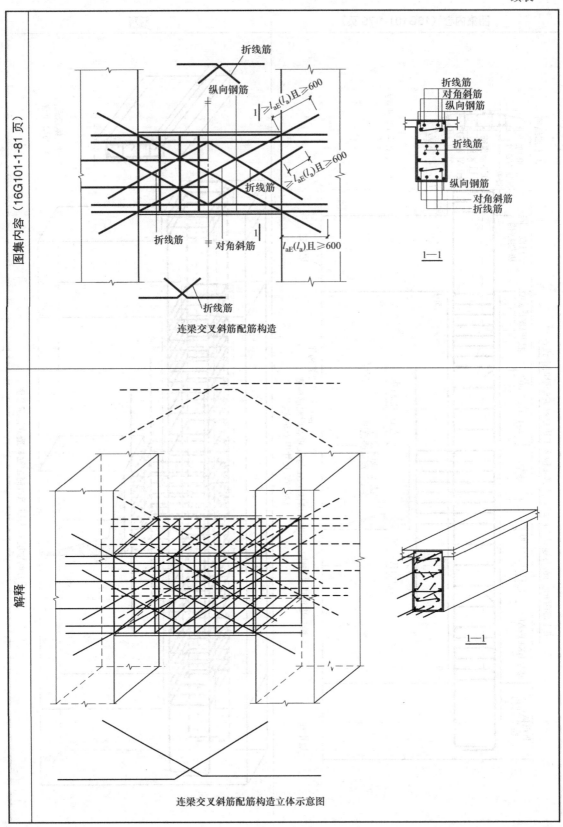

连梁交叉斜筋配筋构造

连梁交叉斜筋配筋构造立体示意图

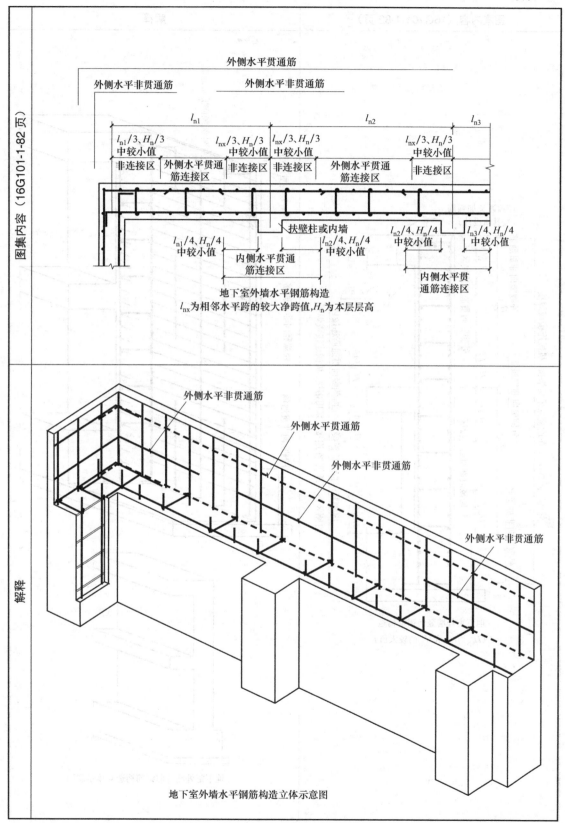

图集内容（16G101-1-82页）	解释

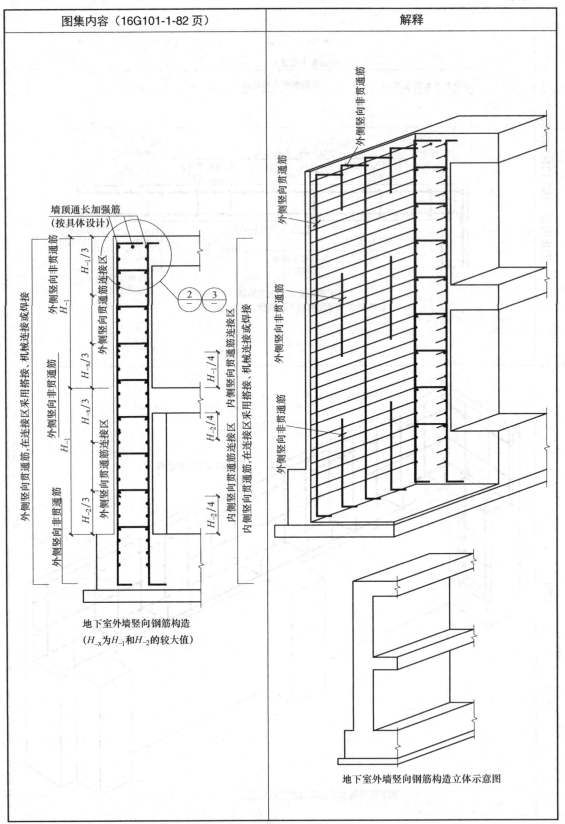

地下室外墙竖向钢筋构造
（H_{-x}为H_{-1}和H_{-2}的较大值）

地下室外墙竖向钢筋构造立体示意图

第 3 章　梁平法施工图导读

3.1　梁平法施工图制图规则

梁平法施工图制图规则见表 3-1。

表 3-1　梁平法施工图制图规则表

<table>
<tr><th>图集内容（16G101-1-26 页）</th><th>解释</th></tr>
<tr><td>

3.1.1　梁平法施工图的表示方法

（1）梁平法施工图系在梁平面布置图上采用平醉写方式或截面注写方式表达。

（2）梁平面布置图，应分别按梁的不同结构层（标准层），将全部梁和与其相关联的柱、墙、板一起采用适当比例绘制。

（3）在梁平法施工图中，尚应注明各结构层的顶面标高及相应的结构层号。

（4）对于轴线未居中的梁，应标注其偏心定位尺寸（贴柱边的梁可不注）。

3.1.2　平面注写方式

（1）平面注写方式，系在梁平面布置图上，分别在不同编号的梁中各选一根梁，在其上注写截面尺寸和配筋具体数值的方式来表达梁平法施工图。

平面注写包括集中标注与原位标注，集中标注表达梁的通用数值，原位标注表达梁的特殊数值。当集中标注中的某项数值不适用与梁的某部位时，则将该项数值原位标注，施工时，原位标注取值优先，如下图所示。

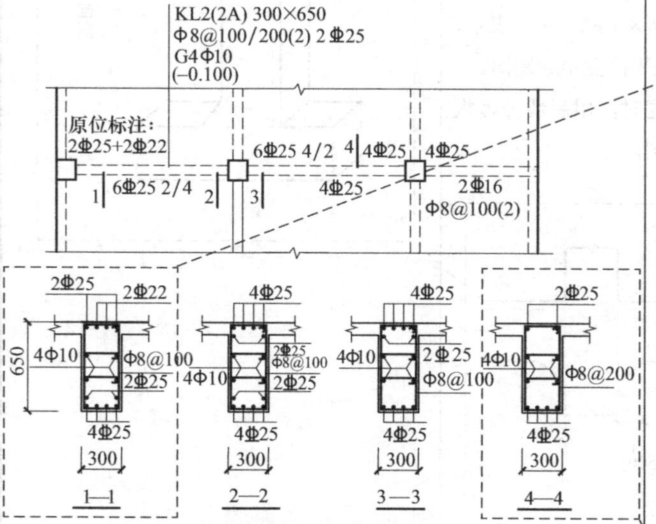

平面注写方式示例

注：本图四个梁截面系采用传统表示方法绘制，用于对比按平面注写方式表达的同样内容。实际采用平面注写方式表达时，不需绘制梁截面配筋图和图中的相应截面号。

</td><td>

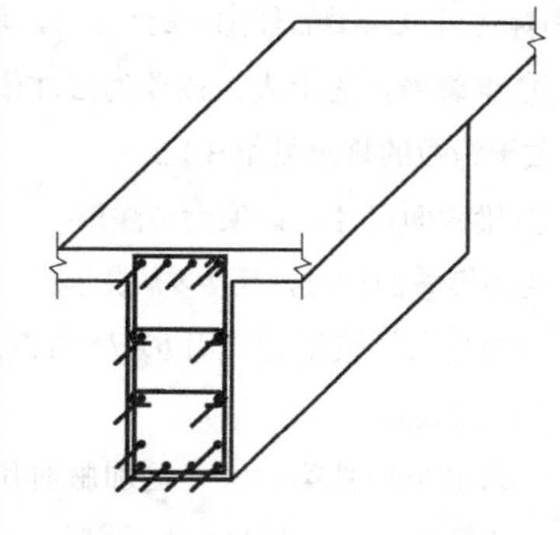

1—1立体示意图

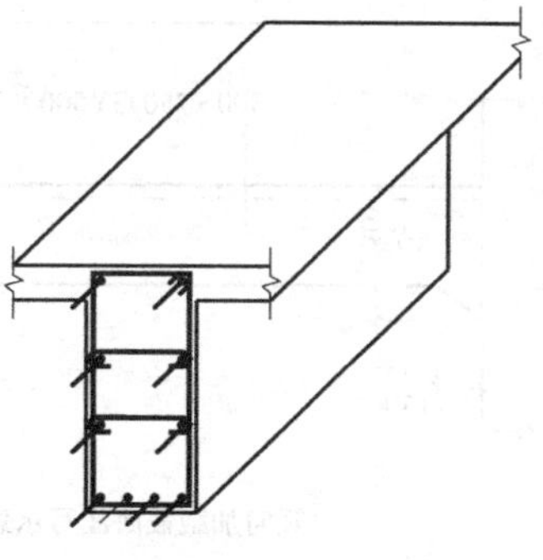

4—4立体示意图

</td></tr>
</table>

续表

图集内容（16G101-1-27页）	解释

（2）梁编号由梁类型代号、序号、跨数及有无悬挑代号几项组成，并应符合下表的规定。

梁 编 号 表

梁类型	代号	序号	跨数及是否带有悬挑
楼层框架梁	KL	××	(××)、(××A) 或 (××B)
层面框架梁	WKL	××	(××)、(××A) 或 (××B)
框支梁	KZL	××	(××)、(××A) 或 (××B)
非框支梁	L	××	(××)、(××A) 或 (××B)
悬挑梁	XL	××	
井字梁	JZL	××	(××)、(××A) 或 (××B)

注：(××A) 为一端有悬挑，(××B) 为两端有悬挑，悬挑不计入跨数。【例】KL7(5A) 表示第7号框架梁，5跨，一端有悬挑；L9(7B) 表示第9号非框架梁，7跨，两端有悬挑。

（3）梁集中标注的内容，有五项必注值及一项选注值（集中标注可以从梁的任意一跨引出），规定如下：

① 梁编号，见上表，该项为必注值。其中，对井字梁编号中关于跨数的规定见第3.1.2。

② 梁截面尺寸，该项为必注值。

当为等截面梁时，用 $b \times h$ 表示。

当为竖向加腋梁时，用 $b \times l \times GY c_1 \times c_2$ 表示，其中 c_1 为腋长，c_2 为腋高。

当为水平加腋梁时，一侧加腋时用 $b \times h \ PY c_1 \times c_2$ 表示，其中 c_1 为腋长，c_2 为腋宽，加腋部位应在平面图中绘制图。

当有悬挑梁且根部和端部的高度不同时，用斜线分隔根部与端部的高度值，即为 $b \times h_1/h_2$，如下图。

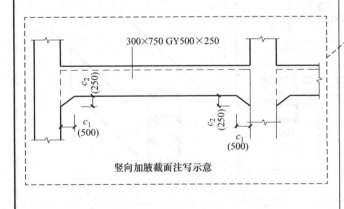

竖向加腋截面注写示意

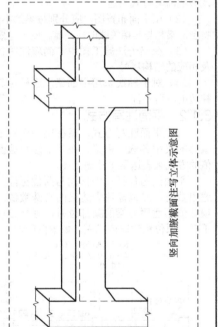

竖向加腋截面注写立体示意图

图集内容（16G101-1-27，28页）	解释

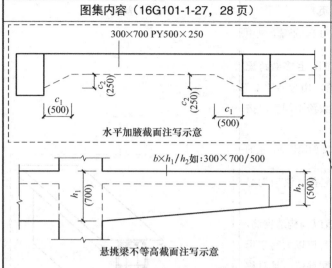

水平加腋截面注写示意

悬挑梁不等高截面注写示意

③ 梁箍筋，包括钢筋级别、直径、加密区与非加密区间距及肢数，该项为必注值。箍筋加密区与非加密区的不同间距及肢数需用斜线"/"分隔；当梁箍筋为同一种间距及肢数时，则不需用斜线；当加密区与非加密区的箍筋肢数相同时，则将肢数注写一次；箍筋肢数应写在括号内。加密区范围见相应抗震等级的标准构造详图。

【例】$\phi 10@100/200$（4），表示箍筋为HPB300钢筋，直径$\phi 10$，加密区间距为100，非加密区间距为200，均为四肢箍。

$\phi 8@100$（4）/150（2），表示箍筋为HPB300钢筋，直径$\phi 8$，加密区间距为110；四肢箍；非加密区间距为150，两肢箍。

当抗震设计中的非框架梁、悬挑梁、井字梁及非抗震设计中的各类梁采用不同的箍筋间距及肢数时，也用斜线"/"将其分隔开来。注写时，先注写梁支座端部的箍筋（包括箍筋的箍数、钢筋级别、直径、间距与肢数），在斜线后注写梁跨中部分的箍筋间距及肢数。

【例】$13\phi 10@150/200$（4），表示箍筋为HPB300钢筋，直径$\phi 10$，梁的两端各有13个四肢箍，间距为150；梁跨中部分间距为200，四肢箍。

$18\phi 12@150$（4）/200（2），表示箍筋为HPB钢筋，直径$\phi 12$，梁的两端各有18个四肢箍，间距为150；梁跨中部分，间距为200，双肢箍。

④ 梁上部通常筋或架立筋配置通长筋可为相同或不同直径采用搭接连接（机械连接或焊接的钢筋），该项为必注值。所注规格与根数应根据结构受力要求及箍筋肢数等构造要求而定。当同排纵筋中既有通长筋又有架立筋时，应用加号"+"将通长筋和架立筋相联。注写时需将角部纵筋写在加号的前面，架立筋写在加号后面的括号内，以示不同直径及与通长筋的区别。当全部采用架立筋时，则将其写入括号内。

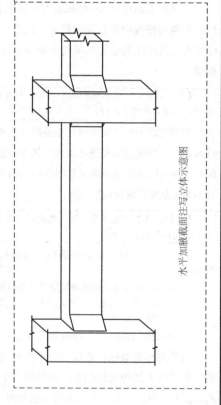

水平加腋截面注写立体示意图

图集内容（16G101-1-28，29页）	解释
【例】2⊕22用于双肢箍，2⊕22+(4Φ12)用于六肢箍，其中2⊕22为通长筋，4Φ12为架立筋。 当梁的上部纵筋和下部纵筋为全跨相同，且多数跨配筋相同时，此项可加注下部纵筋的配筋值，用分号";"将上部与下部纵筋的配筋值分隔开来，少数跨不同者，按3.1.2的规定处理。 【例】3⊕22；3⊕20表示梁的上部配置3⊕22的通长筋，梁的下部配置3⊕20的通长筋。 ⑤ 梁侧面纵向构造钢筋或受扭钢筋配置，该项为必注值。 当梁腹板高度 $h_w \geq 450mm$ 时，需配置纵向构造钢筋，所注规格与根数应符合规范规定；此项注写值以大写字母G打头，接续注写设置在梁两个侧面的总配筋值，且对称配置。 【例】G4Φ12，表示梁的两个侧面共配置4Φ12的纵向构造钢筋，每侧各配置2Φ12。 当梁侧面需配置受扭纵向钢筋时，此项注写值以大写字母N打头，接续注写配置在梁两个侧面的总配筋值，且对称配置。受扭纵向钢筋应满足梁侧面纵向构造钢筋的间距要求且不再重复配置纵向构造钢筋。 【例】N6⊕22，表示梁的两个侧面共配置6⊕22的受扭纵向钢筋，每侧各配置3⊕22。 注：1. 当为梁侧面构造钢筋时，其搭接与锚固长度可取为$15d$。 2. 当为梁侧面受扭纵向钢筋时，其搭接长度为l_l或l_{lE}（抗震）；锚固长度为l_a或l_{aE}（抗震）；其锚固方式同框架梁下部纵筋。 ⑥ 梁顶面标高高差，该项为选注值。 梁顶面标高高差，系指相对于结构层楼面标高的高差值，对于位于结构夹层的梁，则指相对于结构夹层楼面标高的高差。有高差时，需将其写入括号内，无高差时不注。 注：当某梁的顶面高于所在结构层的楼面标高时，其标高差为正值，反之为负值。 【例】某结构标准层的楼面标高为44.950m或48.250m，当某梁的梁顶面标高高差注写为（-0.050）时，即表明该梁顶面标高分别相对于44.950m和48.250m低0.05m。 （4）梁原位标注的内容规定如下： ① 梁支座上部纵筋，该部位含通长筋在内的所有纵筋： （a）当上部纵筋多于一排时，用斜线"/"将各排纵筋自上而下分开。	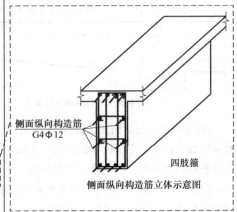 侧面纵向构造筋立体示意图 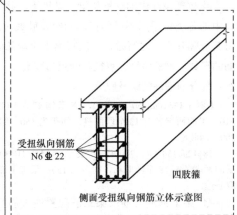 侧面受扭纵向钢筋立体示意图

图集内容（16G101-1-29，30页）	解释
【例】梁支座上部纵筋注写为 6⏀25 4/2 则表示上一排纵筋为 4⏀25，下一排纵筋为 2⏀25。 （b）当同排纵筋有两种直径时，用加号"+"将两种直径的纵筋相联，注写时将角部纵筋写在前面。 【例】梁支座上部有四根纵筋：2⏀25 放在角部，2⏀22 放在中部，在梁支座上部应注写为 2⏀25+2⏀22。 （c）当梁中间支座两边的上部纵筋不同时，须在支座两边分别标注；当梁中间支座两边的上部纵筋相同时，可仅在支座的一边标注配筋值，另一边省去不注，如下图。 设计时应注意： Ⅰ．二对于支座两边不同配筋值的上部纵筋，宜尽可能选用相同直径（不同根数），使其贯穿支座，避免支座两边不同直径（不同根数），使其贯穿支座，避免支座两边不同直径的上部纵筋均在支座内锚固。 Ⅱ．对于以边柱、角柱为端支座的屋面框架梁，当能够满足配筋截面面积要求时，其梁的上部钢筋应尽可能只配置一层，以避免梁柱纵筋在柱顶处因层数过多、密度过大导致不方便施工和影响混凝土浇筑质量。 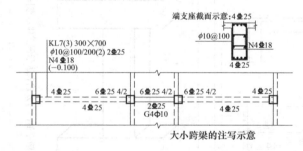 大小跨梁的注写示意 ②梁下部纵筋 （a）当下部纵筋多于一排时，用斜线"/"将各排纵筋自上而下分开。 【例】梁下部纵筋注写为 6⏀25 2/4，则表示上一排纵筋为 2⏀25，下一排纵筋为 4⏀25，全部伸入支座。 （b）当同排纵筋有两种直径时，用加号"+"将两种直径纵筋相联，注写时角筋写在前面。 （c）当梁下部纵筋不全部伸入支座时，将梁支座下部纵筋减少的数量写在括号内。 【例】梁下部纵筋注写为 6⏀25 2（-2）/4，则表示上排纵筋为 2⏀25，且不伸入支座；下一排纵筋为 4⏀25，全部伸入支座。 梁下部纵筋注写为 2⏀25+3⏀22（-3）/5⏀25，表示上排纵筋为 2⏀25 和 3⏀22，其中 3⏀22 不伸入支座；下一排纵筋为 5⏀25，全	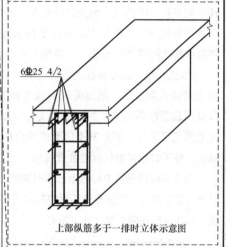 上部纵筋多于一排时立体示意图 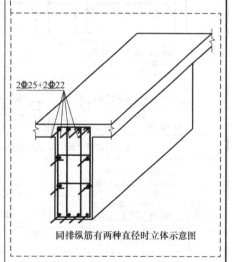 同排纵筋有两种直径时立体示意图

图集内容（16G101-1-30，31页）	解释
部伸入支座。 （d）当梁的集中标注中已按3.1.2的规定分别注写了梁上部和下部均为通长的纵筋值时，则不需在梁下部重复做原位标注。 （e）当梁设置竖向加腋时，加腋部位下部斜纵筋应在支座下部以Y打头注写在括号内（如下图），本图集中框架梁竖向加腋构造适用于加腋部位参与框架梁计算，其他情况设计者应另行给出构造。当梁设置水平加腋时，水平加腋内上、下部斜纵筋应在加腋支座上部以Y打头注写在括号内，上下部斜纵筋之间用"/"分隔（如下图）。 ③ 当在梁上集中标注的内容（即梁截面尺寸、箍筋、上部通长筋或架立筋，梁侧面纵向构造钢筋或受扭纵向钢筋，以及梁顶面标高高差中的某一项或几项数值）不适用于某跨或某悬挑部分时，则将其不同数值原位标注在该跨或该悬挑部位，施工时应按原位标注数值取用。 当在多跨梁的集中标注中已注明加腋，而该梁某跨的根部却不需要加腋时，则应在该跨原位标注等截面的 $b\times h$，以修正集中标注中的加腋信息（如下图）。 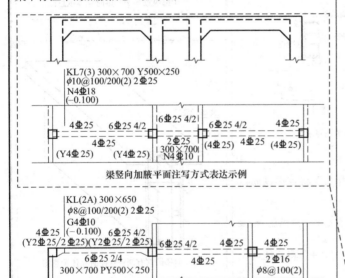 梁竖向加腋平面注写方式表达示例 梁水平加腋平面注写方式表达示例 ④ 附加箍筋或吊筋，将其直接画在平面图中的主梁上，用线引注总配筋值（附加箍筋的肢数注在括号内）（如下图）。当多数附加箍筋或吊筋相同时，可在梁平法施工图上统一注明，少数与统一注明值不同时，再原位引注。	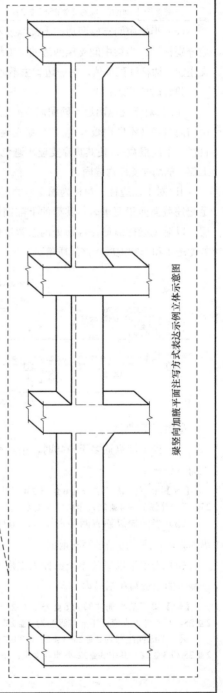 梁竖向加腋平面注写方式表达示例立体示意图

图集内容（16G101-1-31，35页）	解释

施工时应注意：附加箍筋或吊筋的几何尺寸应按照标准构造详图，结合其所在位置的主梁和次梁的截面尺寸而定。

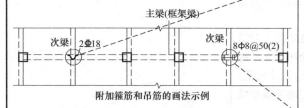

附加箍筋和吊筋的画法示例

3.1.3 截面注写方式

（1）截面注写方式，系在分标准层绘制的梁平面布置图上，分别在不同编号的梁中各选择一根梁用剖面号引出配筋图，并在其上注写截面尺寸和配筋具体数值的方式来表达梁平法施工图。

（2）对所有梁按本规则表3.1.2的规定进行编号，从相同编号的梁中选择一根梁，先将"单边截面号"画在该梁上，再将截面配筋详图画在本图或其他图上。当某梁的顶面标高与结构层的楼面标高不同时，尚应继其梁编号后注写梁顶面标高高差（注写规定与平面注写方式相同）。

（3）截面注写方式既可以单独使用，也可与平面注写方式结合使用。

注：在梁平法施工图的平面图中，当局部区域的梁布置过密时，除了采用截面注写方式表达外，也可采用3.1.2的措施来表达。当表达异形截面梁的尺寸与配筋时，用截面注写方式相对比较方便。

3.1.4 梁支座上部纵筋的长度规定

（1）为方便施工，凡框架梁的所有支座和非框架梁（不包括井字梁）的中间支座上部纵筋的伸出长度 a_0 值在标准构造详图中统一取值为：第一排非通长筋及与跨中直径不同的通长筋从柱（梁）边起伸出至 $l_n/3$ 位置；第二排非通长筋伸出至 $l_n/4$ 位置。l_n 的取值规定为：对于端支座，l_n 为本跨的净跨值；对于中间支座，l_n 为支座两边较大一跨的净跨值。

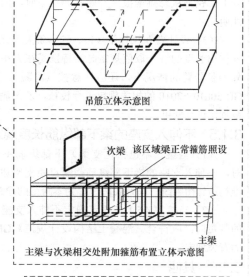

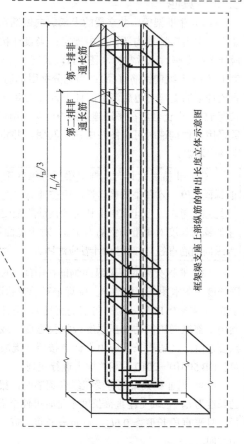

图集内容（16G101-1-35页）	解释
（2）悬挑梁（包括其他类型梁的悬挑部分）上部第一排纵筋伸出至梁端头并下弯，第二排伸出至$3l/4$位置，l为自柱（梁）边算起的悬挑净长。当具体工程需要将悬挑梁中的部分上部钢筋从悬挑梁根部开始斜向弯下时，应由设计者另加注明。 （3）设计者在执行第（1）、（2）条关于梁支座端上部纵筋伸出长度的统一取值规定时，特别是在大小跨相邻和端跨外为长悬臂的情况下，还应注意按《混凝土结构设计规范》GB 50010—2010的相关规定进行校核，若不满足时应根据规范规定进行变更。 **3.1.5 不伸入支座的梁下部纵筋长度规定** （1）当梁（不包括框支梁）下部纵筋不全部伸入支座时，不伸入支座的梁下部纵筋截断点距支座边的距离，在标准构造详图中统一取为$0.1l_{ni}$（l_{ni}为本跨梁的净跨值）。 （2）当按第4.5.1条规定确定不伸入支座的梁下部纵筋的数量时，应符合《混凝土结构设计规范》GB 50010—2010的有关规定。 **3.1.6 其他** （1）非框架梁、井字梁的上部纵向钢筋在端支座的锚固要求，本图集标准构造详图中规定：当设计按铰接时，平直段伸至端支座对边后弯折，且平直段长度$\geq 0.35l_{ab}$，弯折段长度$15d$（d为纵向钢筋直径）；当充分利用钢筋的抗拉强度时，直段伸至端支座对边后弯折，且平直段长度$\geq 0.6l_{ab}$，弯折段长度$15d$。设计者应在平法施工图中注明采用何种构造，当多数采用同种构造时可在图注中统一写明，并将少数不同之处在图中注明。 （2）非抗震设计时，框架梁下部纵向钢筋在中间支座的锚固长度，本图集的构造详图中按计算中充分利用钢筋的抗拉强度考虑。当计算中不利用该钢筋的强度时，其伸入支座的锚固长度对于带肋钢筋为$12d$，对于光面钢筋为$15d$（d为纵向钢筋直径），此时设计者应注明。 （3）非框架梁的下部纵向钢筋在中间支座和端支座的锚固长度，本图集的构造详图中规定对于带肋钢筋为$12d$；对于光面钢筋为$15d$（d为纵向钢筋直径）。当计算中需要充分利用下部纵向钢筋的抗压强度或抗拉强度，或具体工程有特殊要求时，其锚固长度应由设计者按照《混凝土结构设计规范》GB 50010—2010的相关规定进行变列。 （4）当非框架梁配有受扭纵向钢筋时，梁纵筋锚入支座的长度为l_a，在端支座直锚长度不足时可伸至端支座对边后弯折，且平直段长度$\geq 0.6l_{ab}$，弯折段长度$15d$。设计者应在图中注明。	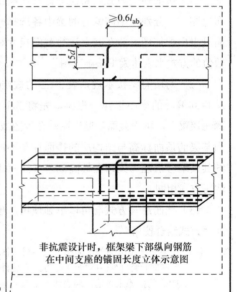 非抗震设计时，框架梁下部纵向钢筋在中间支座的锚固长度立体示意图

3.2 梁平法施工图实例

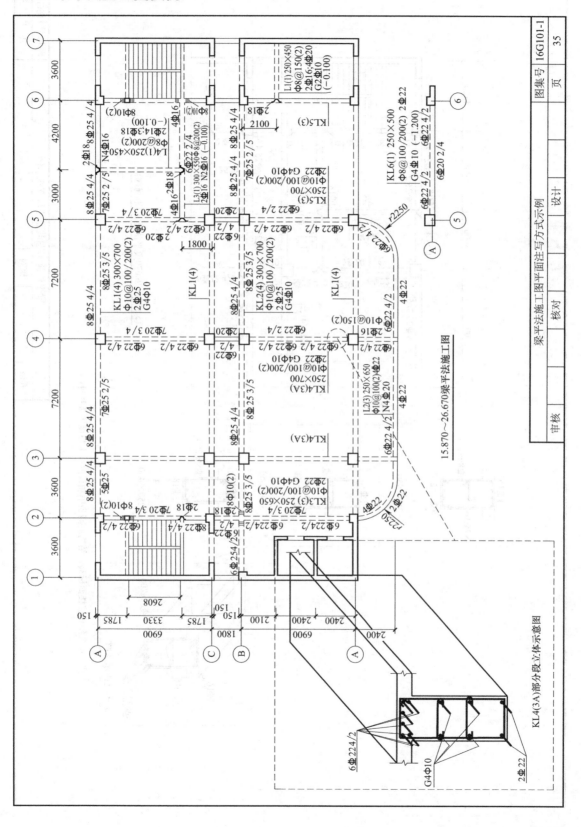

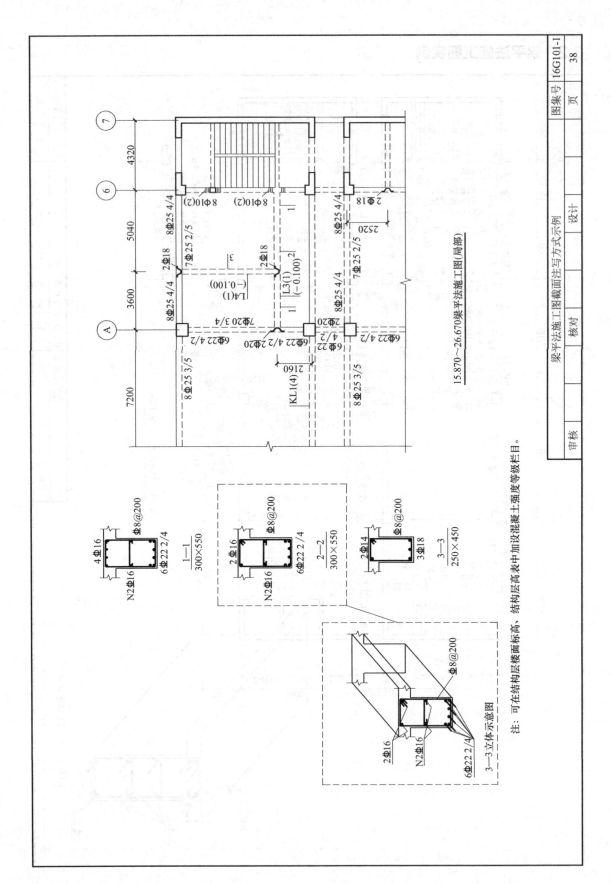

3.3 梁标准构造详图

梁标准构造详图见表 3-2。

表 3-2 梁标准构造详图表

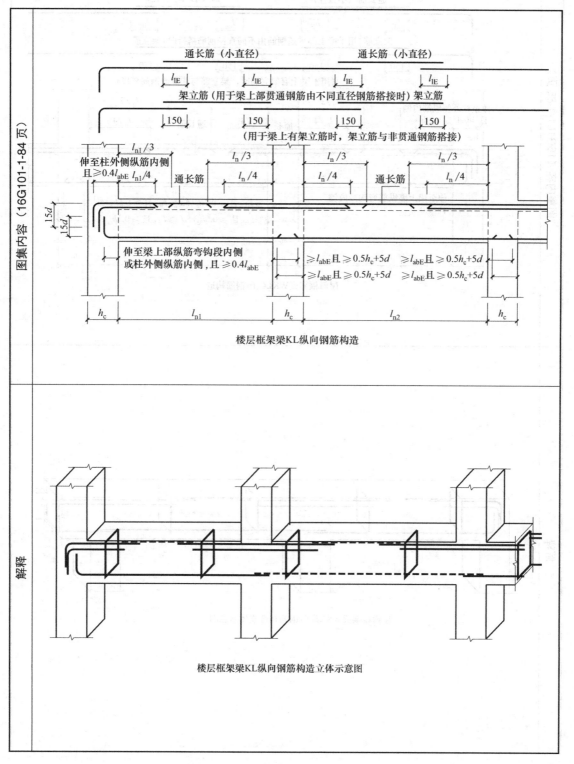

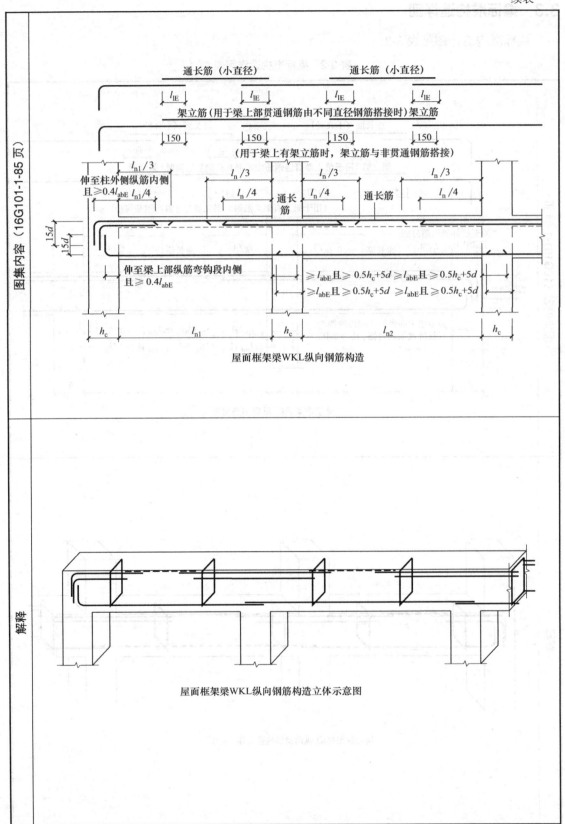

屋面框架梁WKL纵向钢筋构造

屋面框架梁WKL纵向钢筋构造立体示意图

续表

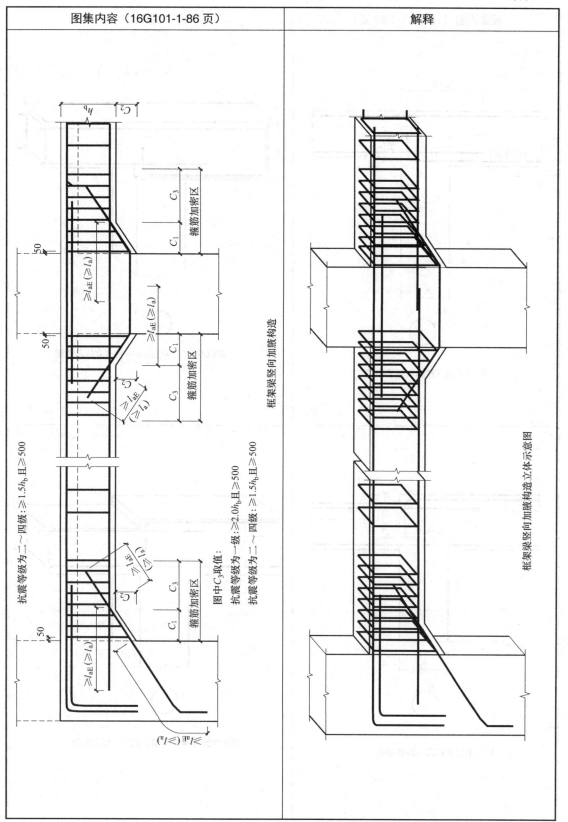

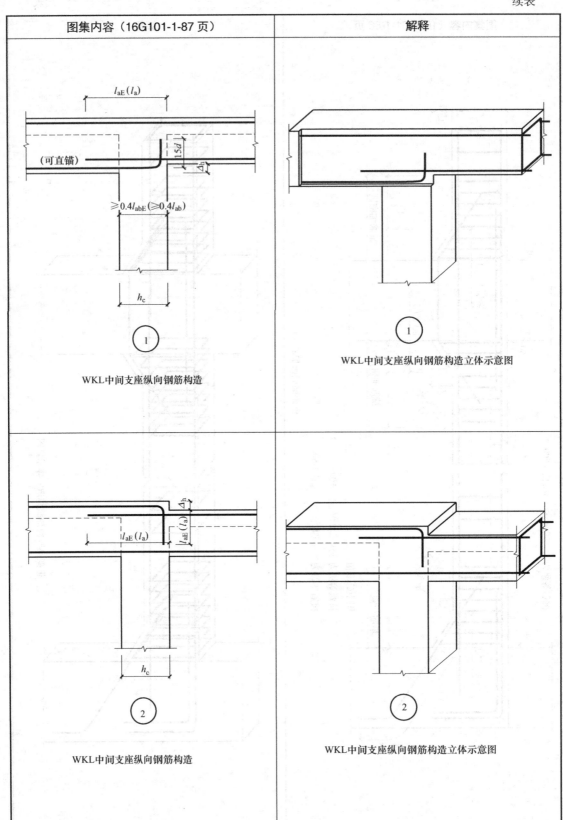

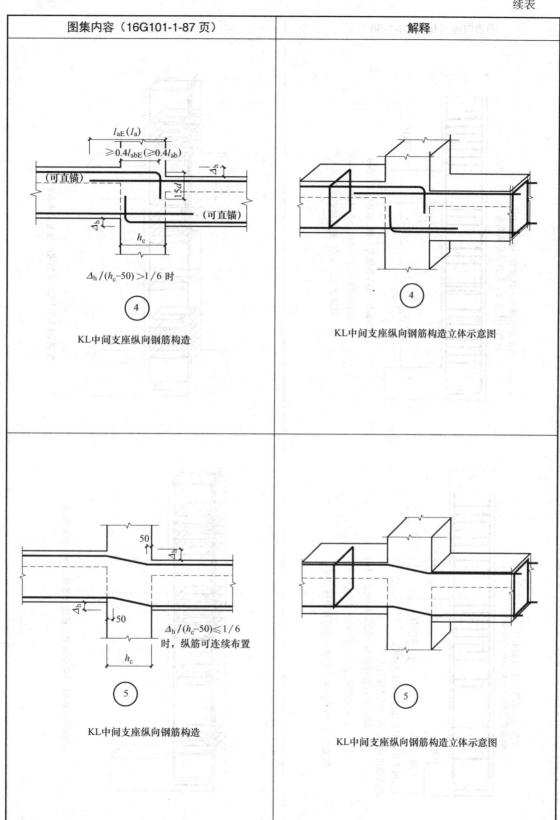

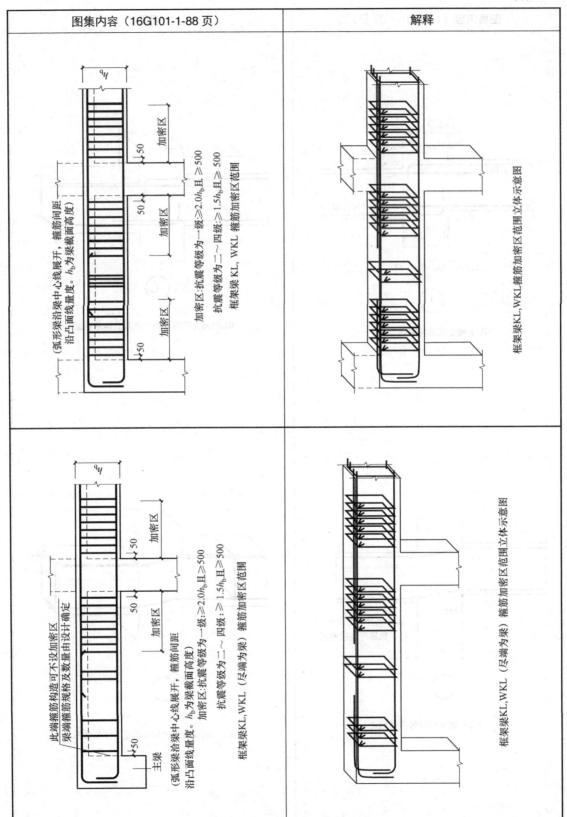

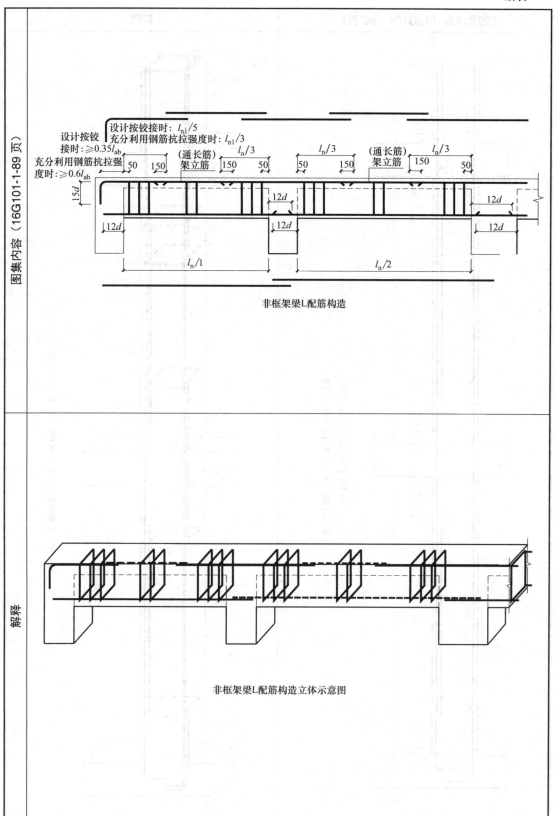

续表

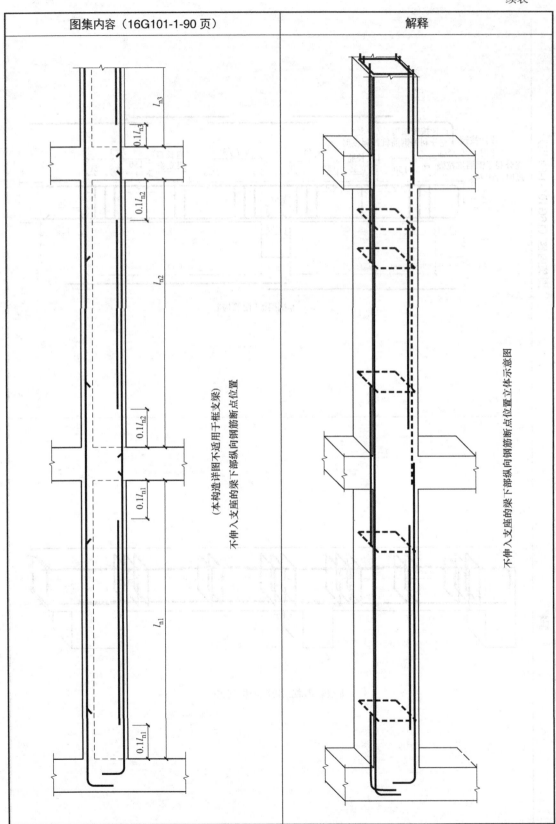

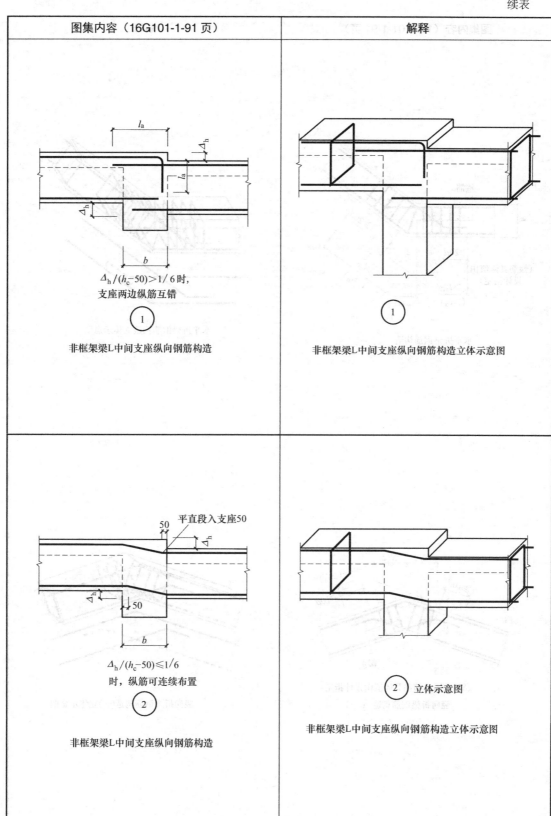

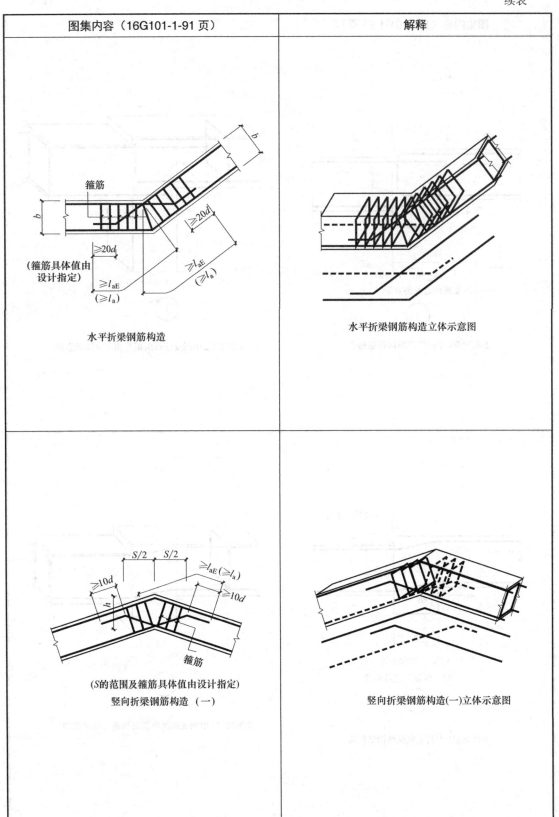

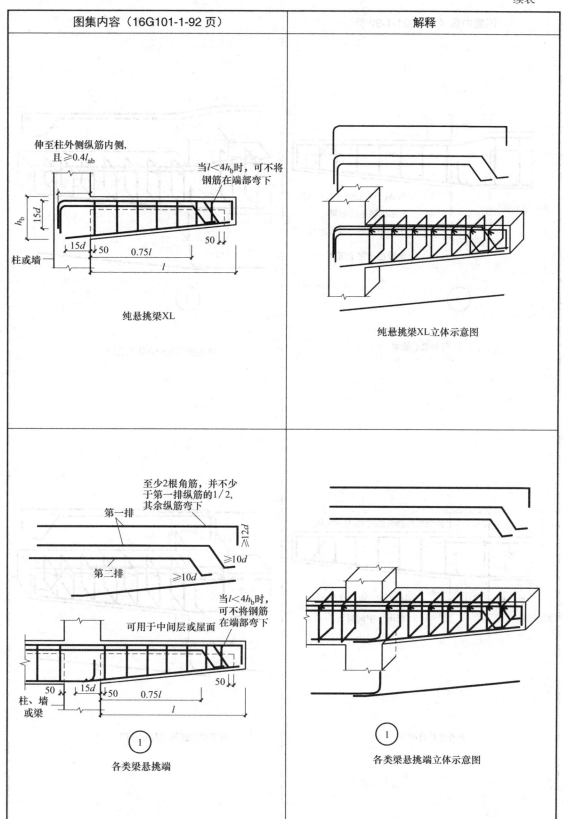

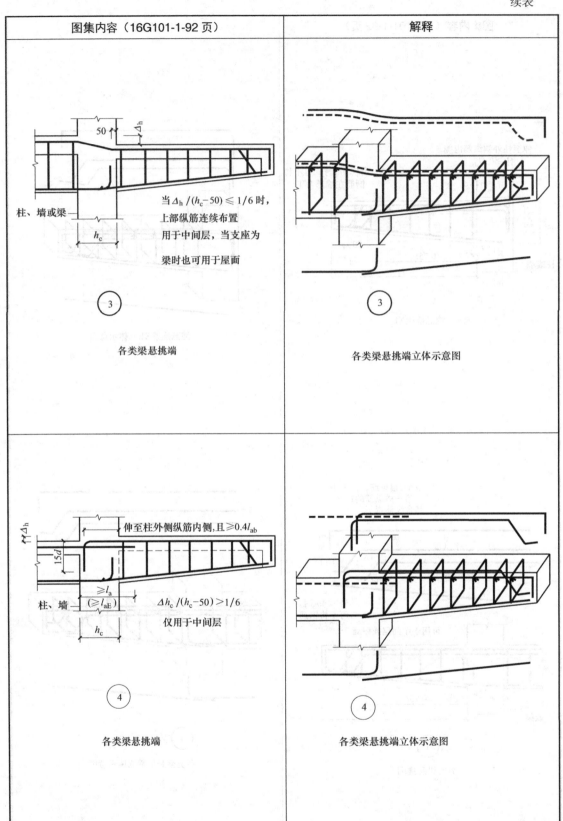

续表

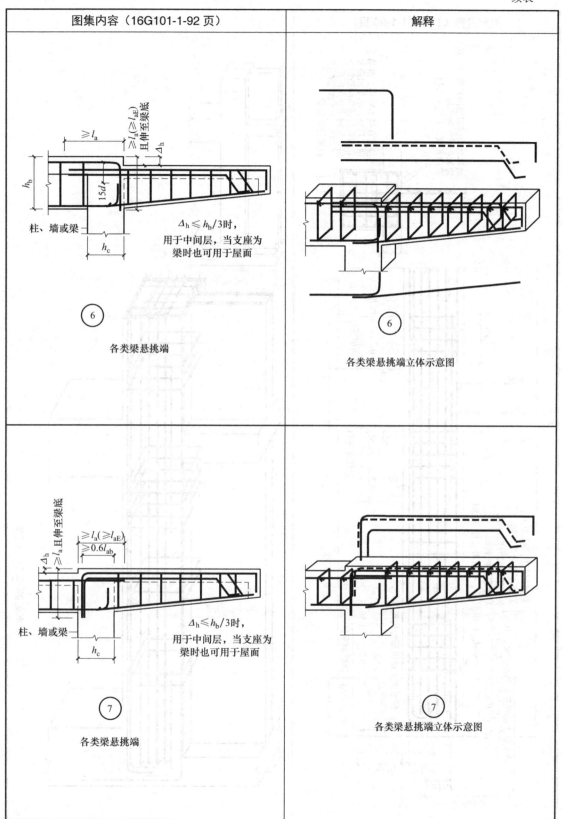

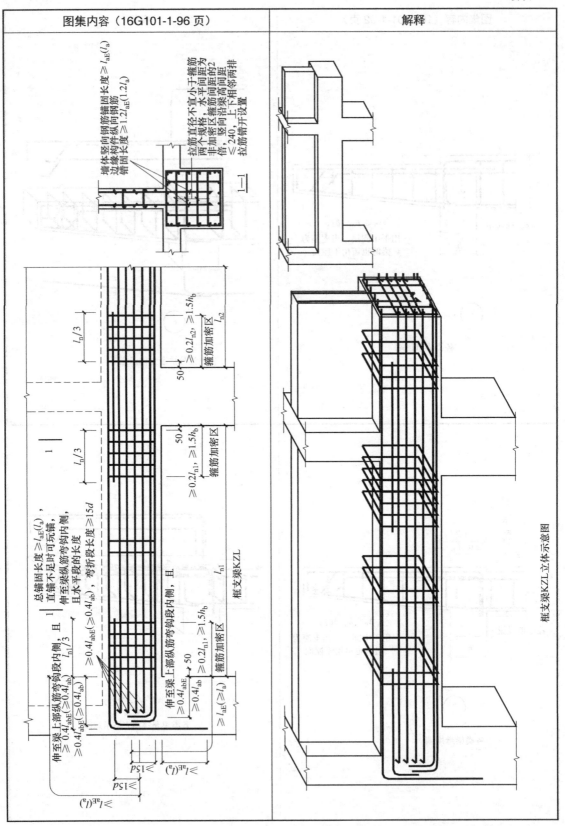

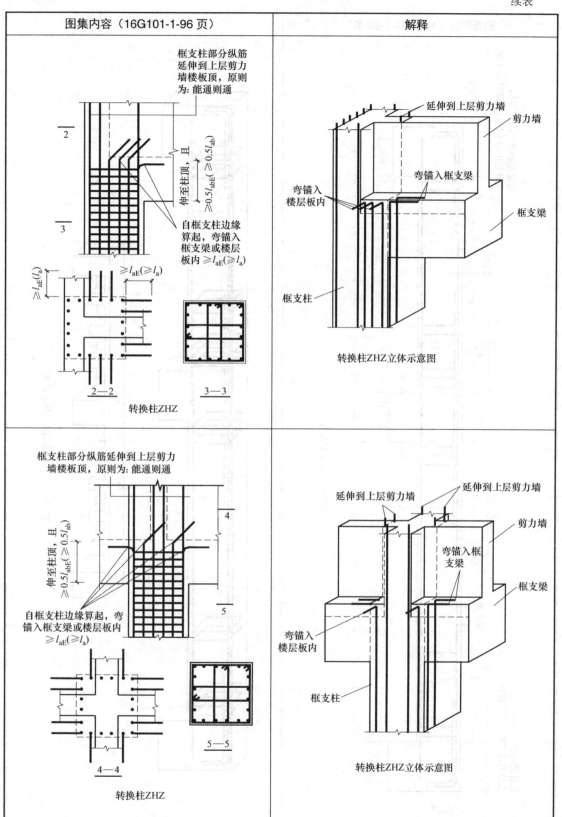

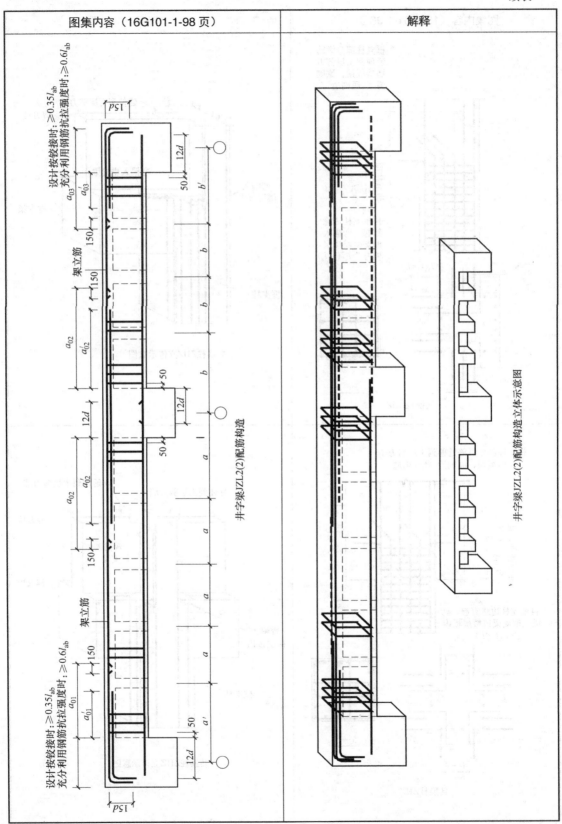

第4章 楼盖、板平法施工图导读

4.1 楼盖、板平法施工图制图规则

楼盖、板平法施工图制图规则见表 4-1。

表 4-1 楼盖、板平法施工图制图规则表

图集内容（16G101-1-39 页）	解释
4.1.1 有梁楼盖平法施工图制图规则 有梁楼盖的制图规则适用于以梁为支座的楼面与屋面板平法施工图设计。 （1）有梁楼盖板平法施工图的表示方法 ① 有梁楼盖板平法施工图，系在楼面板和屋面板布置图上，采用平面注写的表达方式。板平面注写主要包括板块集中标注和板支座原位标注。 ② 为方便设计表达和施工识图，规定结构平面的坐标方向为： 　a. 当两向轴网正交布置时，图面从左至右为 X 向，从下至上为 Y 向； 　b. 当轴网转折时，局部坐标方向顺轴网转折角度做相应转折； 　c. 当轴网向心布置时，切向为 X 向，径向为 Y 向。 此外，对于平面布置比较复杂的区域，如轴网转折交界区域、向心布置的核心区域等，其平面坐标方向应由设计者另行规定并在图上明确表示。 （2）板块集中标注 ① 板块集中标注的内容为：板块编号，板厚，贯通纵筋，以及当板面标高不同时的标高高差。 对于普通楼面，两向均以一跨为一板块；对于密肋楼盖，两向主梁（框架梁）均以一跨为一板块（非主梁密肋不计）。所有板块应逐一编号，相同编号的板块可择其一做集中标注，其他仅注写置于圆圈内的板编号，以及当板面标高不同时的标高高差。 板块编号按表下表规定。 **板 块 编 号** | 板类型 | 代号 | 序号 | |---|---|---| | 楼面板 | LB | ×× | | 屋面板 | WB | ×× | | 悬挑板 | XB | ×× | 板厚注写为 $h=×××$（为垂直于板面的厚度）；当悬挑板的端部改变截面厚度时，用斜线分隔根部与端部的高度值，注写为 $h=×××/×××$；设计已在图注中统一注明板厚时，此项可不注。 贯通纵筋按板块的下部和上部分别注写（当板块上部不设贯通纵筋时则不注），并以 B 代表下部，以 T 代表上部，B&T 代表下部与上部。X 向贯通纵筋以 X 打头，Y 向贯通纵筋以 Y 打头，两向贯通纵筋配置相同时则以 X&Y 打头。 当为单向板时，分布筋可不必注写，而在图中统一注明。	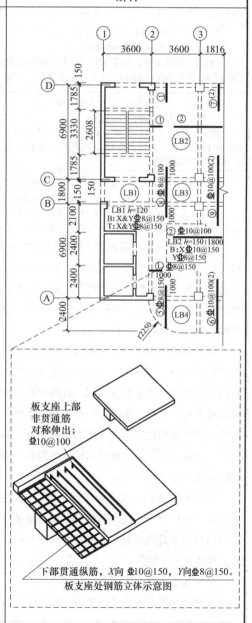 板支座处钢筋立体示意图

续表

图集内容（16G101-1-40页）	解释
当在某些板内（例如在悬挑板XB的下部）配置有构造钢筋时，则X向以X_c，Y向以Y_c打头注写。 当Y向采用放射配筋时（切向为X向，径向为Y向），设计者应注明配筋间距的定位尺寸。 当贯通筋采用两种规格钢筋"隔一布一"方式时，表达为Φxx/yy@×××，表示直径为xx的钢筋的间距为×××的2倍，直径yy的钢筋的间距为×××的2倍。 板面标高高差，系指相对于结构层楼面标高的高差，应将其注写在括号内，且有高差则注，无高差不注。 【例】有一楼面板块注写为：LB5 h=110 　　B：X Φ12@120；Y Φ10@110 　表示5号楼面板，板厚110，板下部配置的贯通纵筋X向为Φ10@120，Y向为Φ10@110，板上部未配置贯通钢筋。 ┌─────────────────────────────┐ │【例】有一楼面板块注写为：LB5 h=110　　　　│ │　　B：X Φ10/12@100；Y10@110　　　　　　　│ │　表示5号楼面板，板厚110，板下部配置的贯通纵筋X向为Φ10、Φ12隔一布一Φ10与Φ12之间间距为100；Y向为Φ10@110，板上部未配置贯通钢筋。│ └─────────────────────────────┘ 【例】有一悬挑板注写为：XB2 h=150/100 　　　　　　　　B：Xc&Yc Φ8@200 　表示2号悬挑梁的板根部厚150，端部厚100，板下部配置构造钢筋双向均为Φ8@200（上部受力钢筋见板支座原位标注）。 　② 同一编号板块的类型、板厚和贯通纵筋均应相同，但板面标高、跨度、平面形状以及板支座上部非贯通纵筋可以不同，如同一编号板块的平面形状可为矩形、多边形及其他形状等。施工预算时，应根据其实际平面形状，分别计算各块板的混凝土与钢材用量。 　设计与施工应注意：单向或双向连续板的中间支座上部同向贯通纵筋，不应在支座位置连接或分别锚固。当相邻两跨的板上部贯通纵筋配置相同，且跨中部位有足够空间连接时，可在两跨任意一跨的跨中连接部位连接；当相邻两跨的跨的跨中连接部位连接；当相邻两跨的上部贯通纵筋配置不同时，应将配置较大者越过其标注的跨数终点或起点伸至相邻跨的跨中连接区域连接。 　设计应注意板中间支座两侧上部贯通纵筋的协调配置，施工及预算应按具体设计和相应标准构造要求实施。等跨与不等跨板上部贯通纵筋的连接有特殊要求时，其连接部位及方式应由设计者注明。 （3）板支座原位标注 　① 板支座原位标注的内容为：板支座上部非贯通纵筋和	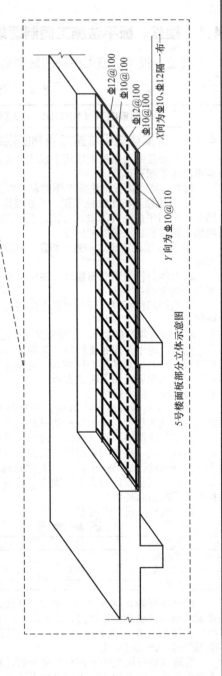

续表

图集内容（16G101-1-41页）	解释
悬挑板上部受力钢筋。 　　板支座原位标注的钢筋，应在配置相同跨的第一跨表达（当在梁悬挑部位单独配置时则在原位表达）。在配置相同跨的第一跨（或梁悬挑部位），垂直于板支座（梁或墙）绘制一段适宜长度的中粗实线（当该筋通长设置在悬挑板或短跨板上部时，实线段应画至对边或贯通短跨），以该线段代表支座上部非贯通纵筋，并在线段上方注写钢筋编号（如①、②等）、配筋值、横向连续布置的跨数（注写在括号内，且当为一跨时可不注），以及是否横向布置到梁的悬挑端。 　　【例】（××）为横向布置的跨数，（××A）为横向布置的跨数及一端的悬挑梁部位，（××B）为横向布置的跨数及两端的悬挑梁部位。 　　板支座上部非贯通筋自支座中线向跨内的伸出长度，注写在线段的下方位置。 　　当中间支座上部非贯通纵筋向支座两侧对称伸出时，可仅在支座一侧线段下方标注伸出长度，另一侧不注，见下图。 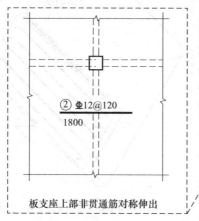 板支座上部非贯通筋对称伸出 　　当向支座两侧非对称伸出时，应分别在支座两侧线段下方注写伸出长度，见下图。 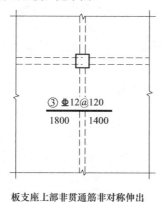 板支座上部非贯通筋非对称伸出	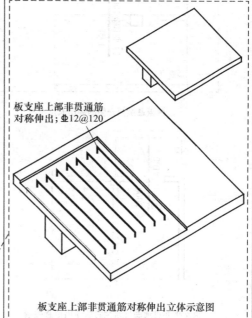 板支座上部非贯通筋对称伸出立体示意图

续表

图集内容（16G101-1-41，42页）	解释
对线段画至对边贯通全跨或贯通全悬挑长度的上部通长纵筋，贯通全跨或伸出至全悬挑一侧的长度值不注，只注明非贯通筋另一侧的伸出长度值，见下图。 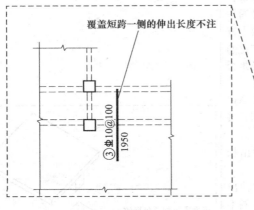 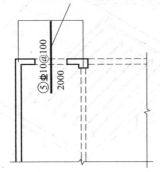 板支座非贯通筋贯通全跨或伸出至悬挑端 当板支座为弧形，支座上部非贯通纵筋呈放射状分布时，设计者应注明配筋间距的度量位置并加注"放射分布"四字，必要时应补绘平面配筋图，见下图。 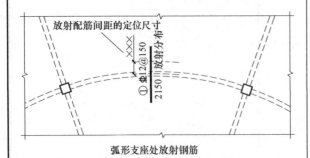 弧形支座处放射钢筋	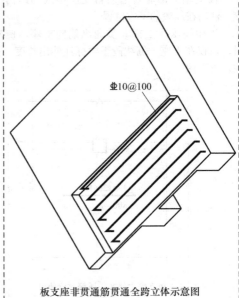 板支座非贯通筋贯通全跨立体示意图

84

图集内容（16G101-1-42页）	解释

关于悬挑板的注写方式见下图。当悬挑板端部厚度不小于150时，设计者应指定板端部封边构造方式，当采用U形钢筋封边时，尚应指定U形钢筋的规格、直径。

此外，悬挑板的悬挑阳角上部放射钢筋的表示方法，详见本章第4.1.3节。

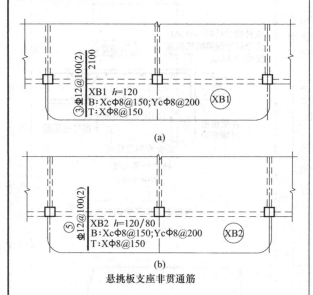

悬挑板支座非贯通筋

在板平面布置图中，不同部位的板支座上部非贯通纵筋及悬挑板上部受力钢筋，可仅在一个部位注写，对其他相同者则仅需在代表钢筋的线段上注写编号及按本条规则注写横向连续布置的跨数即可。

【例】在板平面布置图某部位，横跨支承梁绘制的对称线段上注有

⑦⚟12@100（5A）和1500，表示支座上部⑦号非贯通纵筋为⚟12@100，从该跨起沿支承梁连续布置5跨梁加梁一端的悬挑端，该筋自支座中线向两侧跨内的伸出长度均为1500，在同一板平面布置图的另一部位横跨梁支座绘制的对称线段上注有⑦（2）者，系表示该筋同⑦号纵筋，沿支承梁连续布置2跨，且无梁悬挑端布置。

此外，与板支座上部非贯通纵筋垂直且绑扎在一起的构造钢筋或分布钢筋，应由设计者在图中注明。

② 当板的上部已配置有贯通纵筋，但需增配板支座上部非贯通纵筋时，应结合已配置的同向贯通纵筋的直径与间距采取"隔一布一"方式配置。

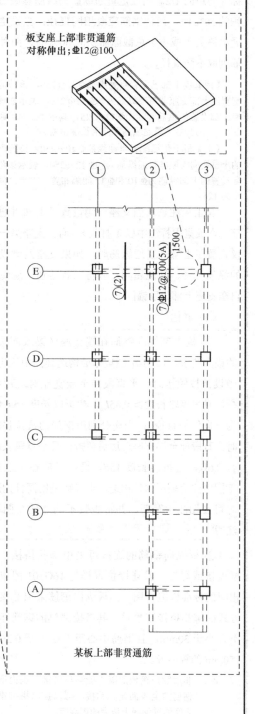

某板上部非贯通筋

图集内容（16G101-1-43页）	解释

"隔一布一"方式，为非贯通纵筋的标注间距与贯通纵筋相同，两者组合后的实际间距为各自标注间距的1/2。当设定贯通纵筋为纵筋总截面面积的50%时，两种钢筋应取相同直径；当设定贯通纵筋大于或小于总截面面积的50%时，两种钢筋则取不同直径。

【例】板上部已配置贯通纵筋⌀12@250，该跨同向配置的上部支座非贯通纵筋为⑤⌀12@250，表示在该支座上部设置的纵筋实际为⌀12@125，其中1/2为贯通纵筋，1/2为⑤号非贯通纵筋（伸出长度值略）。

【例】板上部已配置贯通纵筋⌀10@250，该跨配置的上部同向支座非贯通纵筋为③⌀12@250，表示该跨实际设置的上部纵筋为⌀10和⌀12间隔布置，二者之间间距为125。

施工应注意：当支座一侧设置了上部贯通纵筋（在板集中标注中以T打头），而在支座另一侧仅设置了上部非贯通纵筋时，如果支座两侧设置的纵筋直径、间距相同，应将二者连通，避免各自在支座上部分别锚固。

（4）其他

① 板上部纵向钢筋在端支座（梁或圈梁）的锚固要求，16G101图集标准构造详图中规定：当设计按铰接时，平直段伸至端支座对边后弯折，且平直段长度≥ $0.35l_{ab}$，弯折段长度$15d$（d为纵向钢筋直径）；当充分利用钢筋的抗拉强度时，直段伸至端支座对边后弯折，且平直段长度≥ $0.6l_{ab}$，弯折段长度$15d$。设计者应在平法施工图中注明采用何种构造，当多数采用同种构造时可在图注中写明，并将少数不同之处在图中注明。

② 板纵向钢筋的连接可采用绑扎搭接、机械连接或焊接，其连接位置详见16G101图集中相应的标准构造详图。当板纵向钢筋采用非接触方式的绑扎搭接连接时，其搭接部位的钢筋净距不宜小于30mm，且钢筋中心距不应大于$0.2l_l$及150mm的较小者。

注：非接触搭接使混凝土能够与搭接范围内所有钢筋的全表面充分粘接，可以提高搭接钢筋之间通过混凝土传力的可靠度。

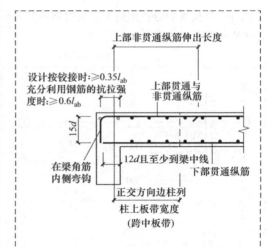

板带端支座纵向钢筋构造

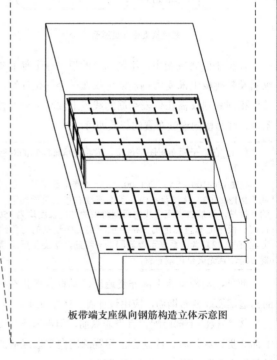

板带端支座纵向钢筋构造立体示意图

图集内容（16G101-1-43页）	解释
4.1.2 无梁楼盖平法施工图制图规则 （1）无梁楼盖平法施工图的表示方法 ① 无梁楼盖平法施工图，系在楼面板和屋面板布置图上，采用平面注写的表达方式。 ② 板平面注写主要有板带集中标注、板带支座原位标注两部分内容。 （2）板带集中标注 ① 集中标注应在板带贯通纵筋配置相同跨的第一跨（X向为左端跨，Y向为下端跨）注写。相同编号的板带可择其一做集中标注，其他仅注写板带编号（注在圆圈内）。 板带集中标注的具体内容为：板带编号，板带厚及板带宽和贯通纵筋。 板带编号按下表规定。 **板带编号** | 板带类型 | 代号 | 序号 | 跨数及有无悬挑 | |---|---|---|---| | 柱上板带 | ZSB | ×× | (××)、(××A) 或 (××B) | | 跨中板带 | KZB | ×× | (××)、(××A) 或 (××B) | 注：1. 跨数按柱网轴线计算（两相邻柱轴线之间为一跨）。 　　2.(××A)为一端有悬挑，(××B)为两端有悬挑，悬挑不计入跨数。 板带厚注写为 $h=×××$，板宽宽注写为 $b=×××$。当无梁楼盖整体厚度和板带宽度已在图中注明时，此项可不注。 贯通纵筋按板带下部和板带上部分别注写，并以 B 代表下部，T 代表上部，B&T 代表下部和上部。当采用放射配筋时，设计者应注明配筋间距的度量位置，必要时补绘配筋平面图。 【例】设有一板带注写为：ZSB2（5A）$h=300$　$b=3000$ 　　　　　　　　　　B=⎓16@100；T=⎓18@200。 系表示 2 号柱上板带，有 5 跨且一端有悬挑；板带厚 300，宽 3000；板带配置贯通纵筋下部为⎓16@100，上部为⎓18@200。 设计与施工应注意：相邻等跨板带上部贯通纵筋应在跨中 1/3 净跨长范围内连接；当同向连续板带的上部贯通纵筋配置不同时，应将配置较大者越过其标注的跨数终点或起点伸至相邻跨的跨中连接区域连接。 设计应注意板带中间支座两侧上部贯通纵筋的协调配置，施工及预算应按具体设计和相应标准构造要求实施。等跨与不等跨板带上部贯通纵筋的连接构造要求见相关标准构造详图；当具体工程对板带上部纵向钢筋的连接有特殊要求时，其连接部位及方式应由设计者注明。	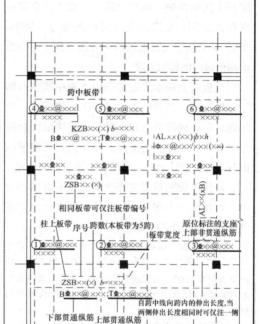 **无梁楼盖平法施工图表示示例**

续表

图集内容（16G101-1-45，46页）	解释
② 当局部区域的板面标高与整体不同时，应在无梁楼盖的板平法施工图上注明板面标高高差及分布范围。 （3）板带支座原位标注 ① 板带支座原位标注的具体内容为：板带支座上部非贯通纵筋。 以一段与板带同向的中粗实线段代表板带支座上部非贯通纵筋；对柱上板带，实线段贯穿柱上区域绘制；对跨中板带：实线段横贯柱网轴线绘制。在线段上注写钢筋编号（如①、②等）、配筋值及在线段的下方注写自支座中线向两侧跨内的伸出长度。 当板带支座非贯通纵筋自支座中线向两侧对称伸出时，其伸出长度可仅在一侧标注；当配置在有悬挑端的边柱上时，该筋伸出到悬挑尽端，设计不注。当支座上部非贯通纵筋呈放射分布时，设计者应注明配筋间距的定位位置。 不同部位的板带支座上部非贯通纵筋相同者，可仅在一个部位注写，其余则在代表非贯通纵筋的线段上注写编号。 【例】设有平面布置图的某部位，在横跨板带支座绘制的对称线段上注有⑦Φ18@250，在线段一侧的下方注有1500，系表示支座上部⑦号非贯通纵筋为Φ18@250，自支座中线向两侧跨内的伸出长度均为1500。 ② 当板带上部已经配有贯通纵筋，但需增加配置板带支座上部非贯通纵筋时，应结合已配同向贯通纵筋的直径与间距，采取"隔一布一"的方式配镜。 【例】设有一板带上部已配置贯通纵筋Φ18@240，板带支座上部非贯通纵筋为⑤Φ18@240，则板带在该位置实际配置的上部纵筋为Φ18@120，其中1/2为贯通纵筋，1/2为⑤号非贯通纵筋（伸出长度略）。 【例】设有一板带上部已配置贯通纵筋Φ18@240，板带支座上部非贯通纵筋为③Φ20@240，则板带在该位置实际配置的上部纵筋为Φ18和Φ20间隔布置，二者之间间距为120（伸出长度略。） （4）暗梁的表示方法 ① 暗梁平面注写包括暗梁集中标注、暗梁支座原位标注两部分内容。施工图中在柱轴线处画中粗虚线表示暗梁。	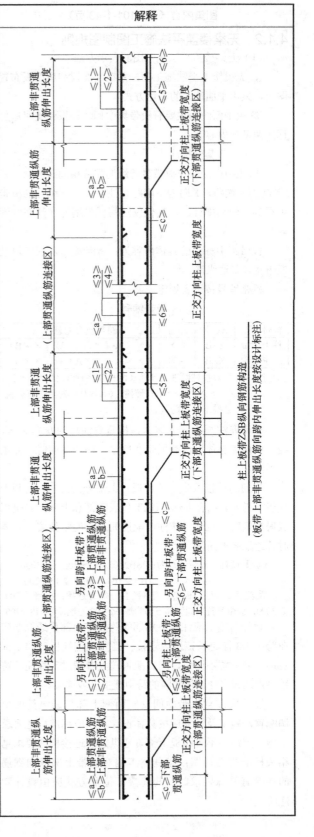

续表

图集内容（16G101-1-46，47页）	解释
②暗梁集中标注包括暗梁编号、暗梁截面尺寸（箍筋外皮宽度×板厚）、暗梁箍筋、暗梁上部通长筋或架立筋四部分内容。暗梁编号按下表规定，其他注写方式同梁集中标注。 **暗 梁 编 号** | 构件类型 | 代号 | 序号 | 跨数及有无悬挑 | |---|---|---|---| | 暗梁 | AL | ×× | (××)、(××A)或(××B) | 注：1. 跨数按柱网轴线计算（两相邻柱轴线之间为一跨）。 2.（××A）为一端有悬挑，（××B）为两端有悬挑，悬挑不计入跨数。 ③暗梁支座原位标注包括梁支座上部纵筋、梁下部纵筋。当在暗梁上集中标注的内容不适用于某跨或某悬挑端时，则将其不同数值标注在该跨或该悬挑端，施工时按原位注写取值。注写方式同梁支座原位标注。 ④当设置暗梁时，柱上板带及跨中板带标注方式与上面①、②两条一致。柱上板带标注的配筋仅设置在暗梁之外的柱上板带范围内。 ⑤暗梁中纵向钢筋连接、锚固及支座上部纵筋的伸出长度等要求同轴线处柱上板带中纵向钢筋。 （5）其他 ①无梁楼盖跨中板带上部纵向钢筋在端支座的锚固要求，本图集标准构造详图中规定：当设计按铰接时，平直段伸至端支座对边后弯折，且平直段长度 $\geq 0.35l_{ab}$，弯折段长度 $15d$（d 为纵向钢筋直径）；当充分利用钢筋的抗拉强度时，直段伸至端支座对边后弯折，且平直段长度 $\geq 0.6l_{ab}$，弯折段长度 $15d$。设计者应在平法施工图中注明采用何种构造，当多数采用同种构造时可在图注中写明，并将少数不同之处在图中注明。 ②板纵向钢筋的连接可采用绑扎搭接、机械连接或焊接，其连接位置详见本图集中相应的标准构造详图。当板纵向钢筋采用非接触方式的绑扎搭接连接时，其搭接部位的钢筋净距不宜小于30mm，且钢筋中心距不应大于 $0.2l$ 及150mm 的较小者。 注：非接触搭接使混凝土能够与搭接范围内所有钢筋的全表面充分粘接，可以提高搭接钢筋之间通过混凝土传力的可靠度。 ③本章关于无梁楼盖的板平法制图规则，同样适用于地下室内无梁楼盖的平法施工图设计。	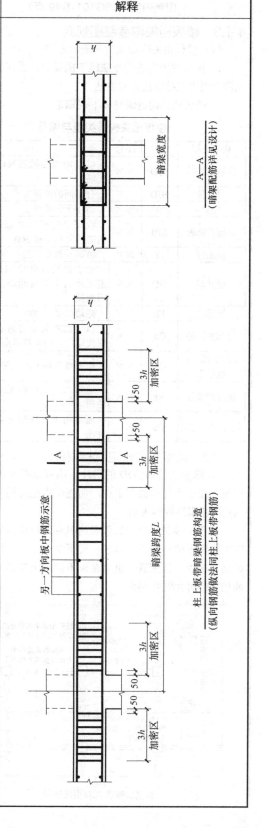

89

图集内容（16G101-1-49页）	解释
4.1.3 楼板相关构造制图规则 （1）楼板相关构造类型与表示方法 ① 楼板相关构造的平法施工图设计，系在板平法施工图上采用直接引注方式表达。 ② 楼板相关构造编号按下表规定。 **楼板相关构造类型与编号** 	构造类型	代号	序号	说明
---	---	---	---
纵筋加强带	JQD	××	以单向加强纵筋取代原位置配筋
后浇带	HJD	××	有不同的留筋方式
柱帽	ZMX	××	适用于无梁楼盖
局部升降板	SJB	××	板厚及配筋与所在板相同；构造升降高度≤300
板加腋	JY	××	腋高与腋宽可选注
板开洞	BD	××	最大边长或直径＜1m；加强筋长度有全跨贯通和自洞边锚固两种
板翻边	FB	××	翻边高度≤300
角部加强筋	Crs	××	以上部双向非贯通加强钢筋取代原位置的非贯通配筋
悬挑板阳角放射筋	Ces	××	板悬挑阳角上部放射筋
抗冲切箍筋	Rh	××	通常用于无柱帽无梁楼盖的柱顶
抗冲切弯起筋	Rb	××	通常用于无柱帽无梁楼盖的柱顶 | （2）楼板相关构造直接引注 ① 纵筋加强带JQD的引注。纵筋加强带的平面形状及定位由平面布置图表达，加强带内配置的加强贯通纵筋等由引注内容表达。 纵筋加强带设单向加强贯通纵筋，取代其所在位置板中原配置的同向贯通纵筋。根据受力需要，加强贯通纵筋可在板下部配置，也可在板下部和上部均设置。纵筋加强带的引注见下图。 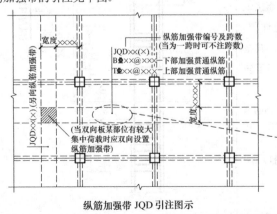 纵筋加强带JQD引注图示	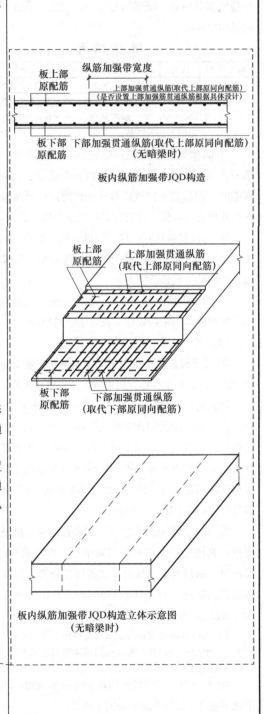 板内纵筋加强带JQD构造 板内纵筋加强带JQD构造立体示意图 （无暗梁时）

图集内容（16G101-1-50页）	解释
当板下部和上部均设置加强贯通纵筋，而板带上部横向无配筋时，加强带上部横向配筋应由设计者注明。 当将纵筋加强带设置为暗梁型式时应注写箍筋，其引注见下图。 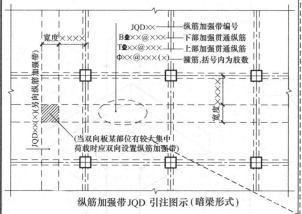 纵筋加强带JQD引注图示（暗梁形式） ② 后浇带HJD的引注。后浇带的平面形状及定位由平面布置图表达，后浇带留筋方式等由引注内容表达，包括： a. 后浇带编号及留筋方式代号。16G101图集提供了两种留筋方式，分别为：贯通留筋（代号GT），100%搭接留筋（代号100%）。 b. 后浇混凝土的强度等级C××。宜采用补偿收缩混凝土，设计者应注明相关施工要求。 c. 当后浇带区域留筋方式或后浇混凝土强度等级不一致时，设计者应在图中注明与图示不一致的部位及做法。 后浇带引注见下图。 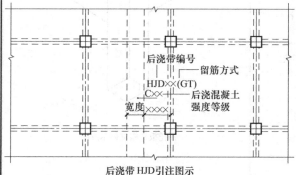 后浇带HJD引注图示 贯通留筋的后浇带宽度通常取大于或等于800mm；100%搭接留筋的后浇带宽度通常取800mm与（l_l+60mm）的较大值（l_l为受拉钢筋的搭接长度）。	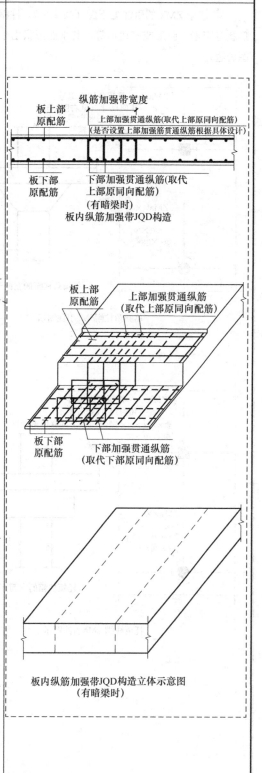

<table>
<tr><th>图集内容（16G101-1-51 页）</th><th>解释</th></tr>
<tr><td>

③ 柱帽 ZMx 的引注见下图（共 4 个）。柱帽的平面形状有矩形、圆形或多边形等，其平面形状由平面布置图表达。

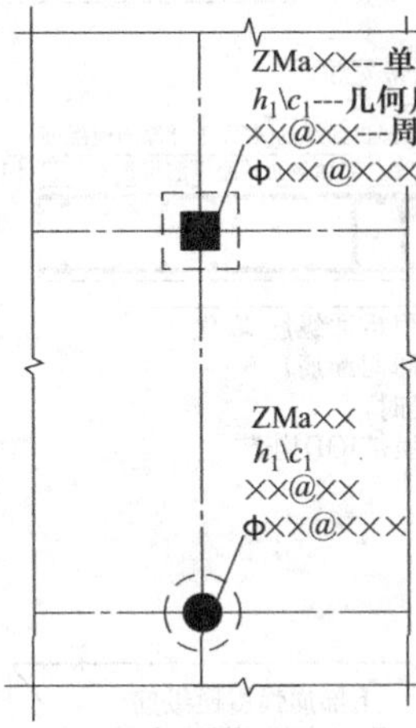
ZMa××---单倾角柱帽编号
h_1\c_1---几何尺寸（见右图示）
××@××---周围斜竖向纵筋
Φ××@×××---水平箍筋
ZMa××
h_1\c_1
××@××
Φ××@×××

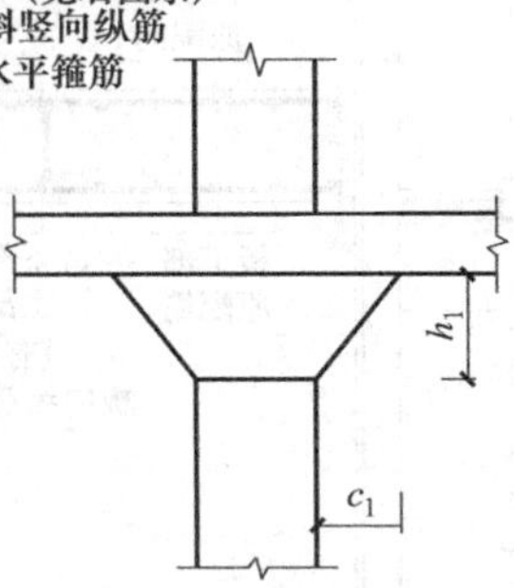
h_1
c_1

单倾角柱帽的立面形状

单倾角柱帽ZMa引注图示

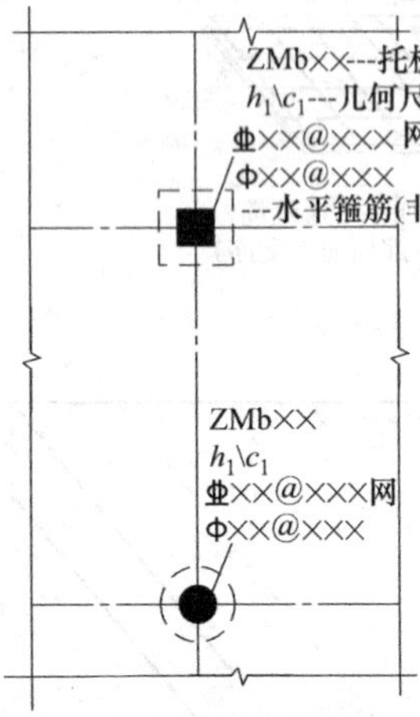
ZMb××---托板柱帽编号
h_1\c_1---几何尺寸(见右图示)
Φ××@×××网---托板下部双向钢筋网
Φ××@×××
---水平箍筋(非必要)
ZMb××
h_1\c_1
Φ××@×××网
Φ××@×××

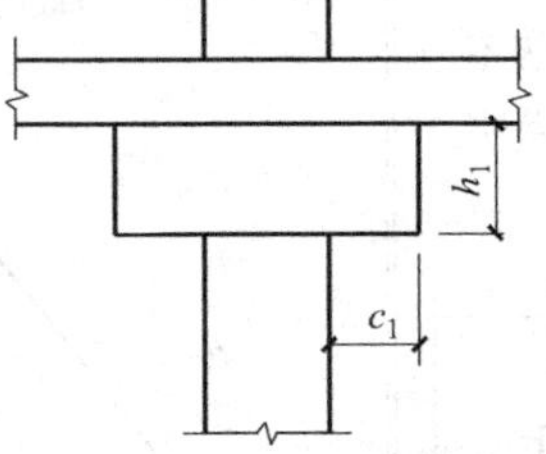
h_1
c_1

托板柱帽的立面形状

托板柱帽 ZMb引注图示

</td><td>

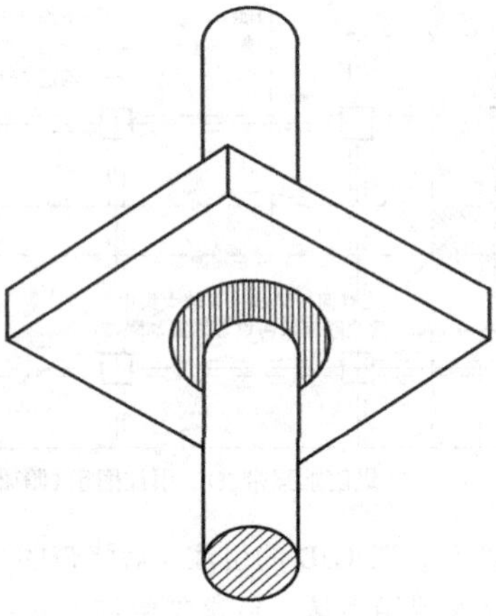

单倾角柱帽立体示意图

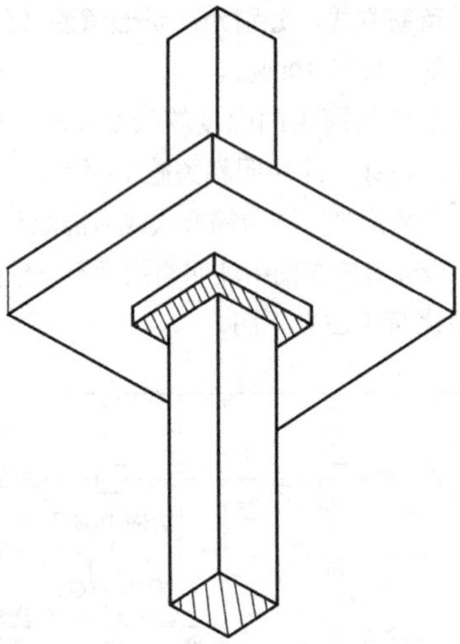

托板柱帽立体示意图

</td></tr>
</table>

图集内容（16G101-1-51页）	解释
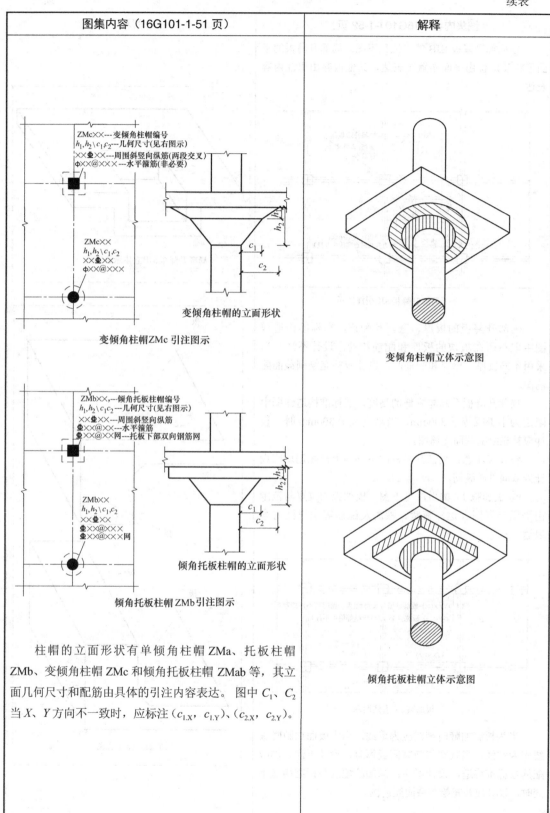 变倾角柱帽ZMc引注图示 倾角托板柱帽ZMb引注图示 柱帽的立面形状有单倾角柱帽 ZMa、托板柱帽 ZMb、变倾角柱帽 ZMc 和倾角托板柱帽 ZMab 等，其立面几何尺寸和配筋由具体的引注内容表达。图中 C_1、C_2 当 X、Y 方向不一致时，应标注（$c_{1.X}$，$c_{1.Y}$）、（$c_{2.X}$，$c_{2.Y}$）。	变倾角柱帽立体示意图 倾角托板柱帽立体示意图

图集内容（16G101-1-52页）	解释
④ 局部升降板SJB的引注见下图。局部升降板的平面形状及定位由平面布置图表达，其他内容由引注内容表达。 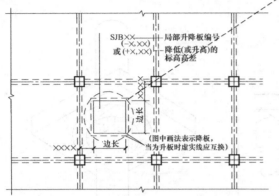 **局部升降板SJB引注图示** 局部升降板的板厚、壁厚和配筋，在标准构造详图中取与所在板块的板厚和配筋相同，设计不注；当采用不同板厚、壁厚和配筋时，设计应补充绘制截面配筋图。 局部升降板升高与降低的高度，在标准构造详图中限定为小于或等于300mm，当高度大于300mm时，设计应补充绘制截面配筋图。 设计应注意：局部升降板的下部与上部配筋均应设计为双向贯通纵筋。 ⑤ 板加腋JY的引注见下图。板加腋的位置与范围由平面布置图表达，腋宽、腋高及配筋等由引注内容表达。 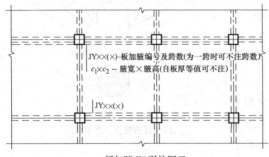 **板加腋JY引注图示** 当为板底加腋时腋线应为虚线，当为板面加腋时腋线应为实线；当腋宽与腋高同板厚时，设计不注。加腋配筋按标准构造，设计不注；当加腋配筋与标准构造不同时，设计应补充绘制截面配筋图。	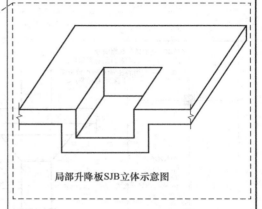 局部升降板SJB立体示意图 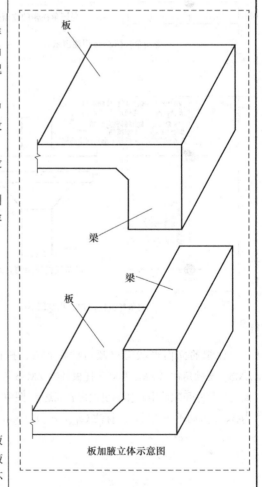 板加腋立体示意图

图集内容（16G101-1-53页）	解释
⑥ 板开洞BD的引注见下图。板开洞的平面形状及定位由平面布置图表达，洞的几何尺寸等由引注内容表达。 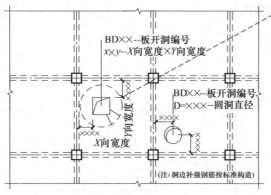 板开洞BD引注图示 当矩形洞口边长或圆形洞口直径小于或等于1000mm，且当洞边无集中荷载作用时，洞边补强钢筋可按标准构造的规定设置，设计不注；当洞口周边加强钢筋不伸至支座时，应在图中画出所有加强钢筋，并标注不伸至支座的钢筋长度。当具体工程所需要的补强钢筋与标准构造不同时，设计应加以注明。 当矩形洞口边长或圆形洞口直径大于1000mm，或虽小于或等于1000mm但洞边有集中荷载作用时，设计应根据具体情况采取相应的处理措施。 ⑦ 板翻边FB的引注见下图。板翻边可为上翻也可为下翻，翻边尺寸等在引注内容中表达，翻边高度在标准构造详图中为小于或等于300mm。当翻边高度大于300mm时，由设计者自行处理。 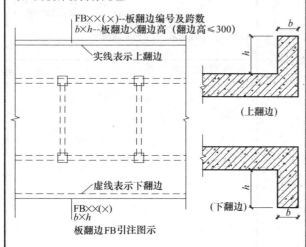 板翻边FB引注图示	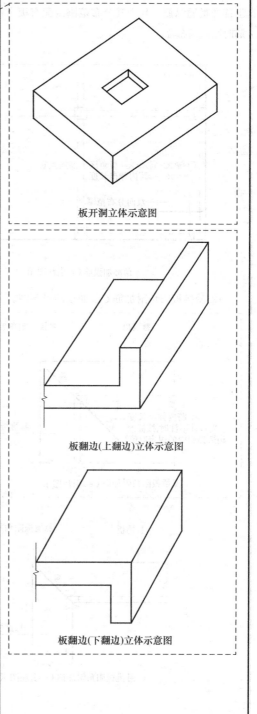

95

续表

图集内容（16G101-1-54页）	解释
⑧ 角部加强筋 Crs 的引注见下图。角部加强筋通常用于板块角区的上部，根据规范规定的受力要求选择配置。角部加强筋将在其分布范围内取代原配置的板支座上部非贯通纵筋，且当其分布范围内配有板上部贯通纵筋时则间隔布置。  角部加强筋 Crs 引注图示 ⑨ 悬挑板阳角附加筋 Ces 的引注见下图。 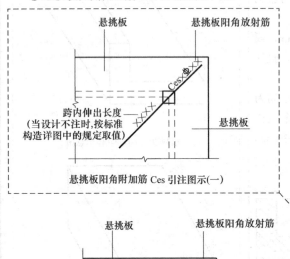 悬挑板阳角附加筋 Ces 引注图示(一) 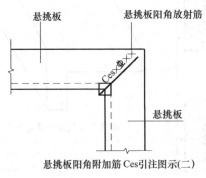 悬挑板阳角附加筋 Ces 引注图示(二)	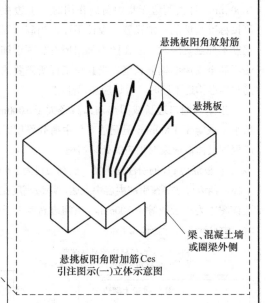 悬挑板阳角附加筋 Ces 引注图示(一)立体示意图

续表

图集内容（16G101-1-55页）	⑩ 抗冲切箍筋 Rh 的引注见下图。抗冲切箍筋通常在无柱帽无梁楼盖的柱顶部位设置。 抗冲切箍筋编号(代号+序号)　相同配置者仅注编号 Rh1 Φ ××@××× (×)　Rh1 箍筋规格 括号内为肢数 (两正交方向的箍筋配置相同) 抗冲切箍筋Rh引注图示
解释	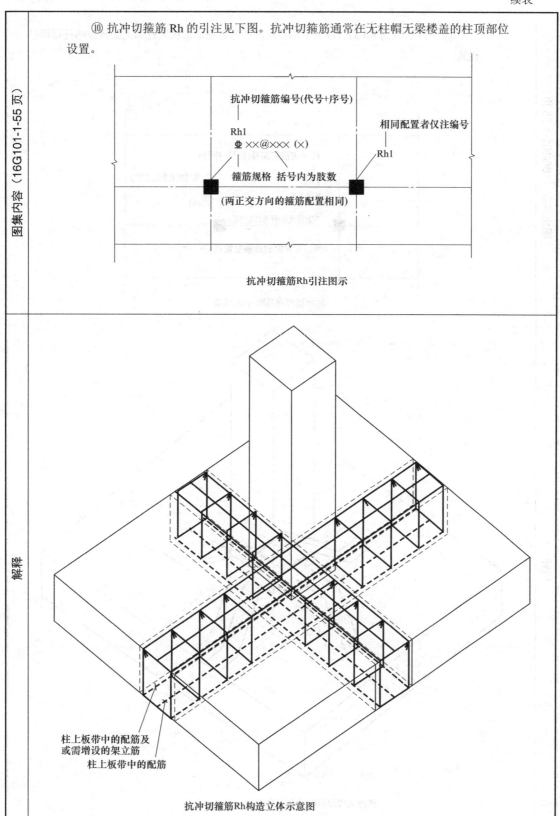 柱上板带中的配筋及或需增设的架立筋 柱上板带中的配筋 抗冲切箍筋Rh构造立体示意图

97

续表

图集内容（16G101-1-55页）	⑪ 抗冲切箍筋 Rb 的引注见下图。抗冲切弯起筋通常在无柱帽无梁楼盖的柱顶部位设置。 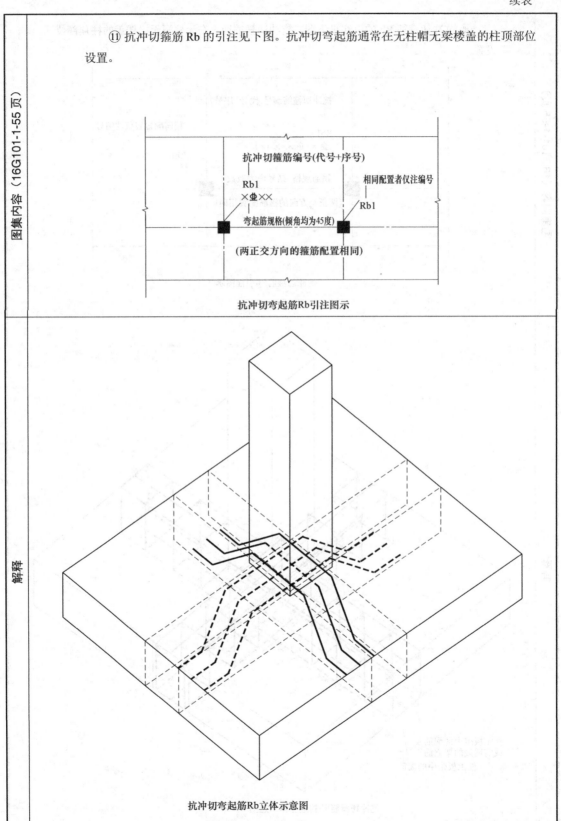 抗冲切弯起筋Rb引注图示
解释	抗冲切弯起筋Rb立体示意图

98

4.2 楼盖、板平法施工图实例

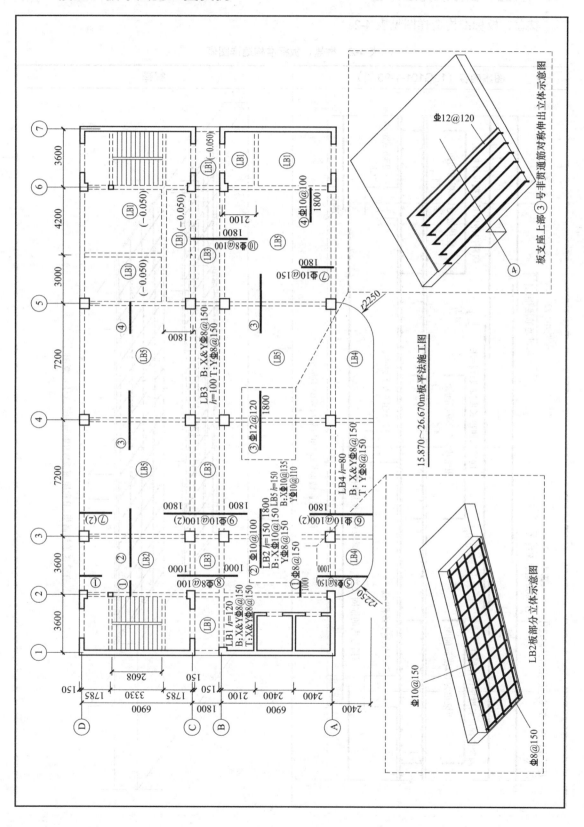

4.3 楼盖、板标准构造详图

楼盖、板标准构造详图见表 4-2。

表 4-2 楼盖、板标准构造详图表

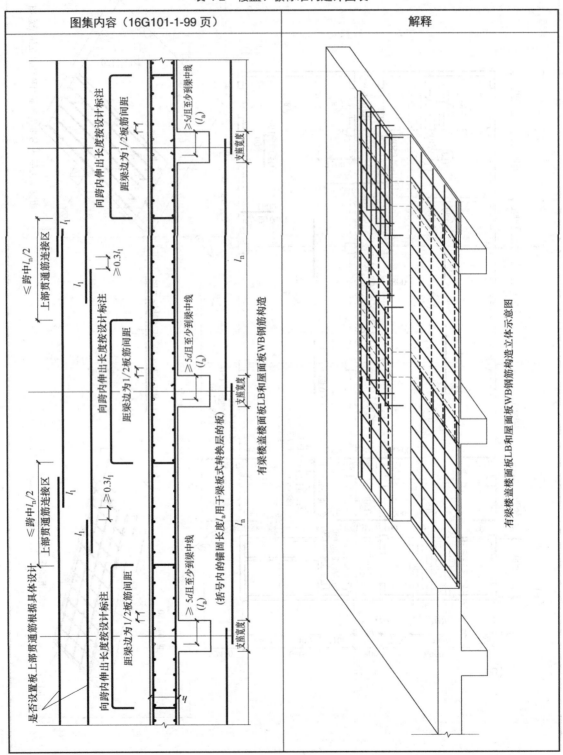

100

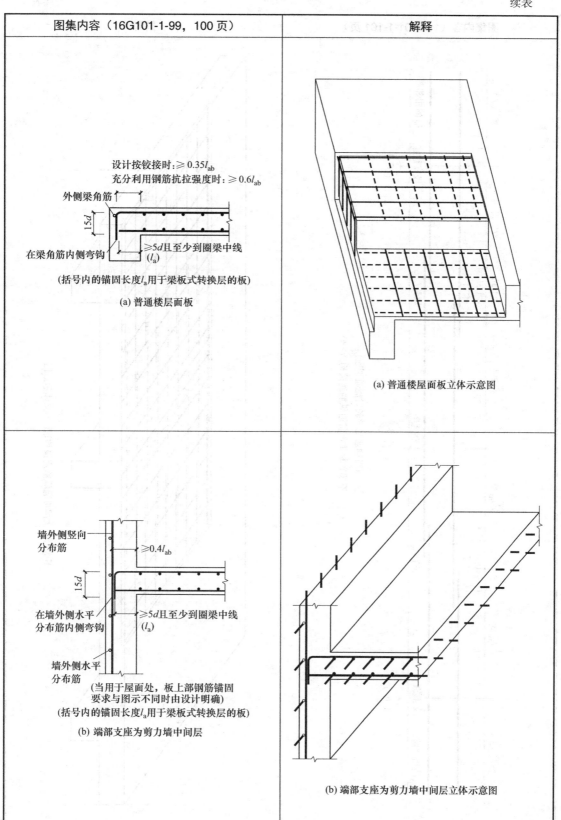

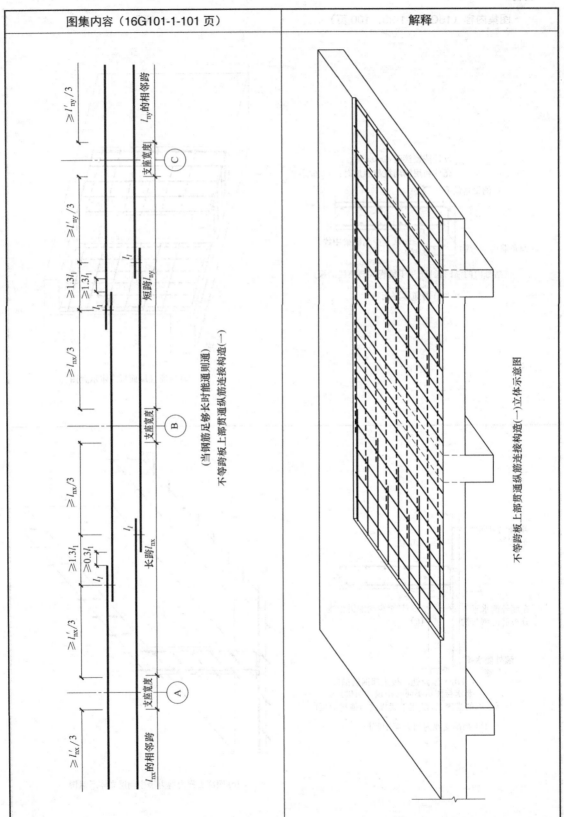

续表

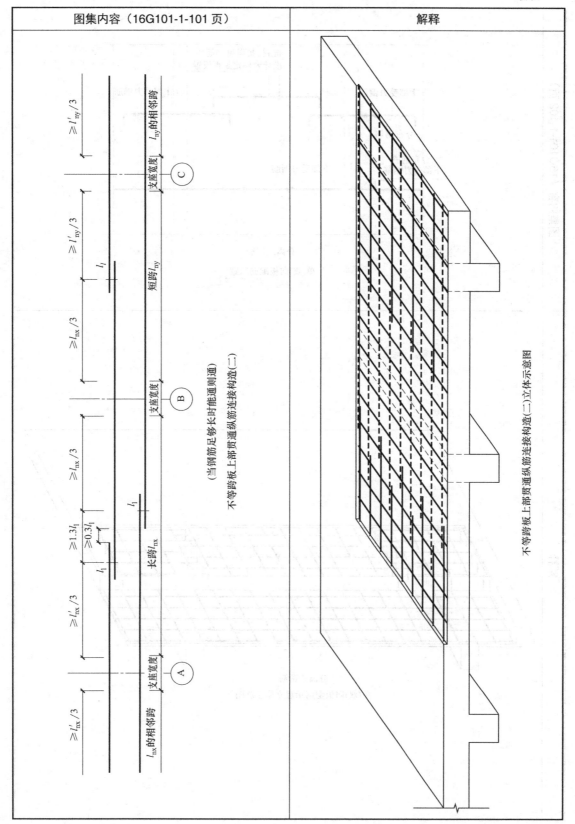

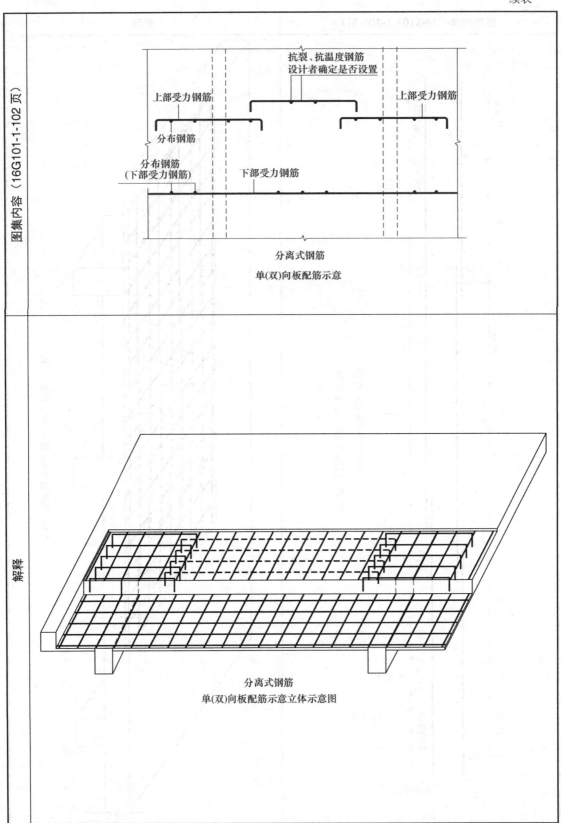

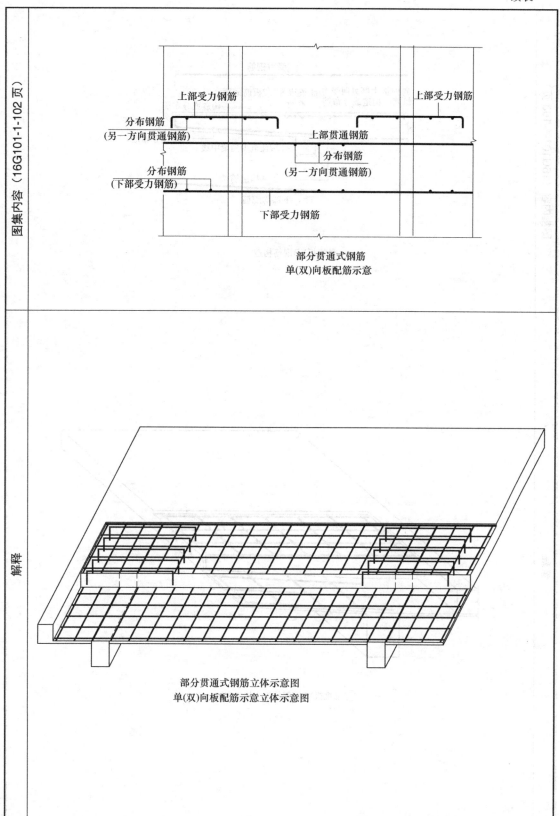

续表

图集内容（16G101-1-103页）

悬挑板XB钢筋构造

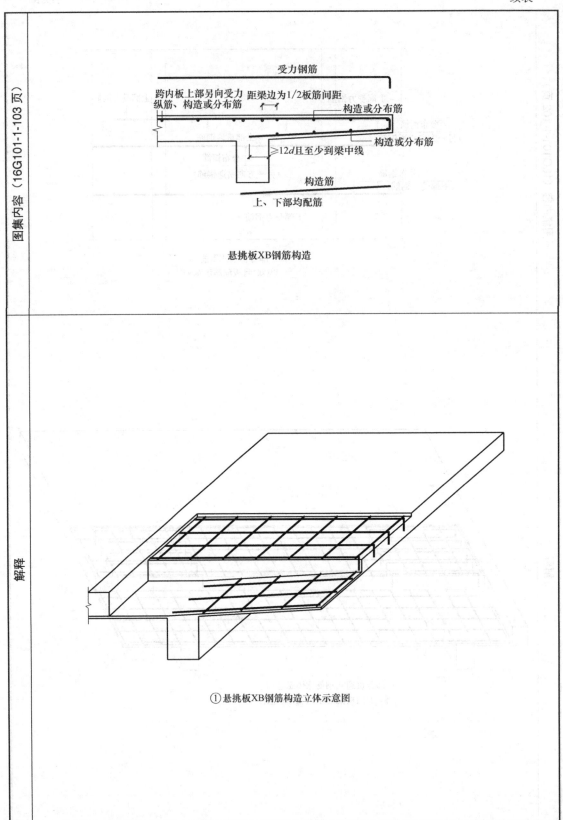

解释

① 悬挑板XB钢筋构造立体示意图

续表

图集内容（16G101-1-103 页）	解释
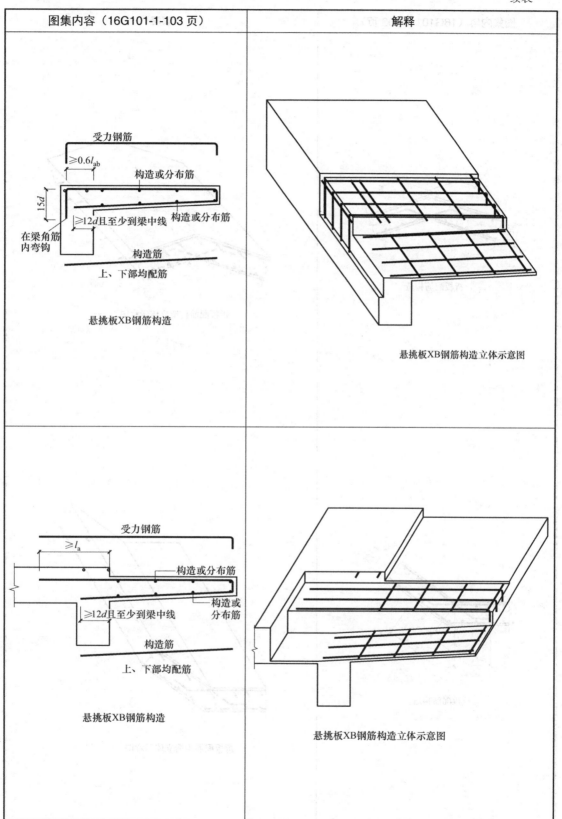	

续表

图集内容（16G101-1-103页）	解释
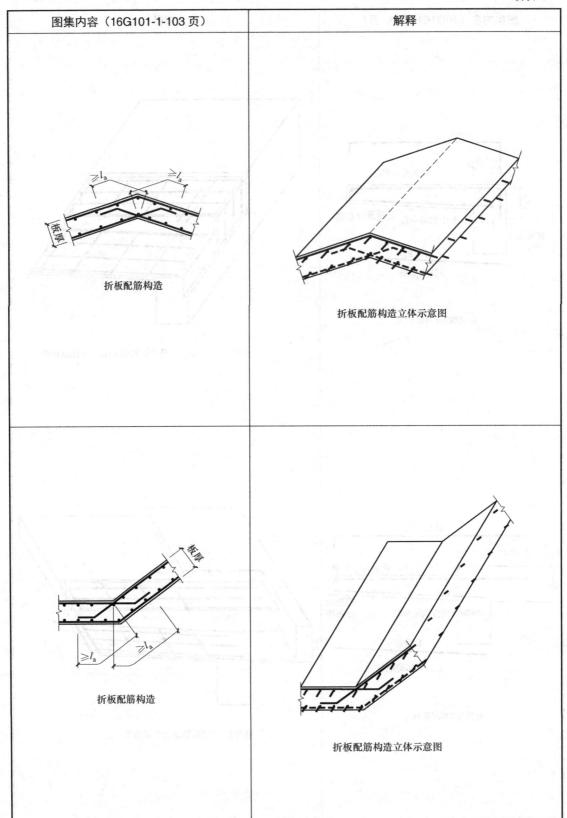	

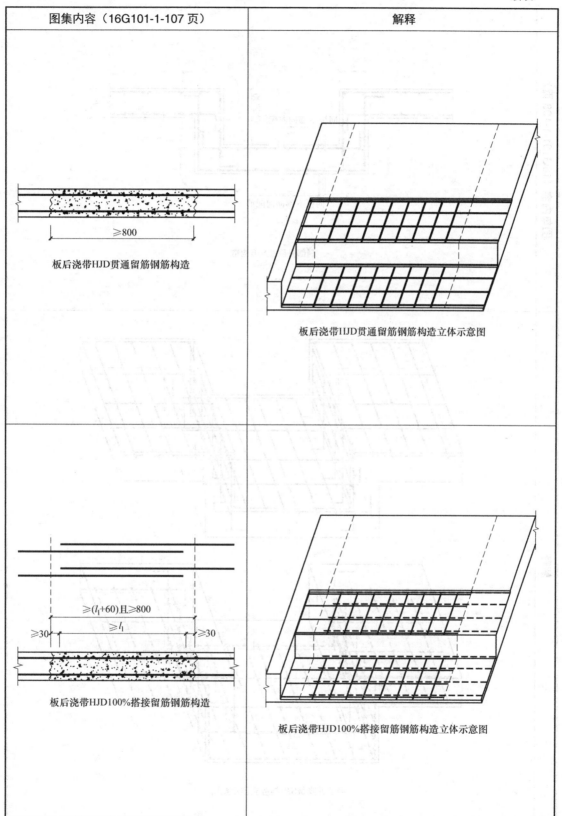

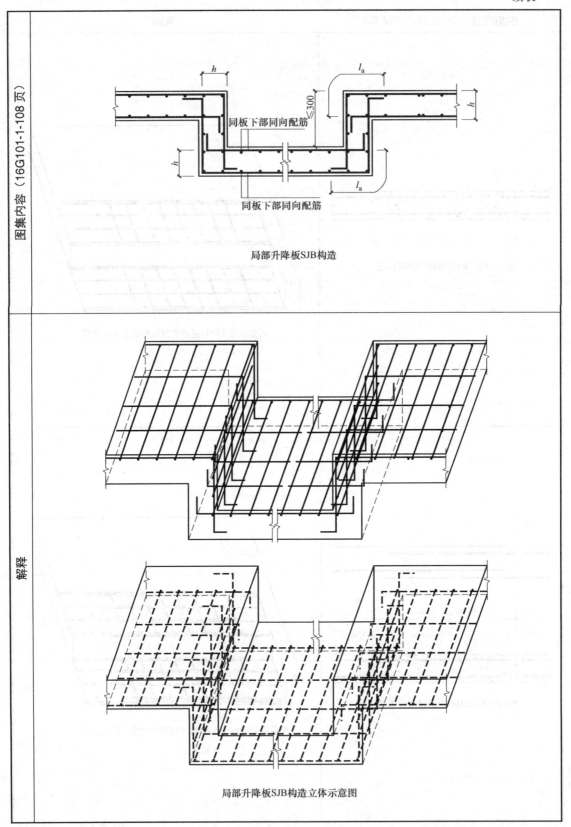

续表

图集内容（16G101-1-110页）	解释
梁边或墙边开洞，受力钢筋绕过孔洞，不另设补强钢筋 矩形洞边长和圆形洞直径不大于300时钢筋构造	板下部钢筋和上部钢筋相同，图中省略 矩形洞边长和圆形洞直径不大于300时钢筋构造立体示意图
板中开洞，受力钢筋绕过孔洞，不另设补强钢筋 矩形洞边长和圆形洞直径不大于300时钢筋构造	板下部钢筋和上部钢筋相同，图中省略 矩形洞边长和圆形洞直径不大于300时钢筋构造立体示意图

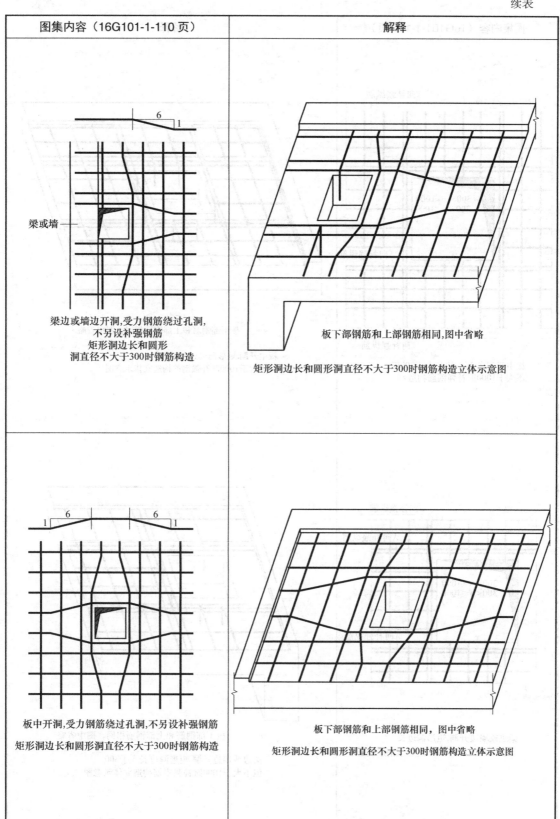

续表

图集内容（16G101-1-110页）	解释
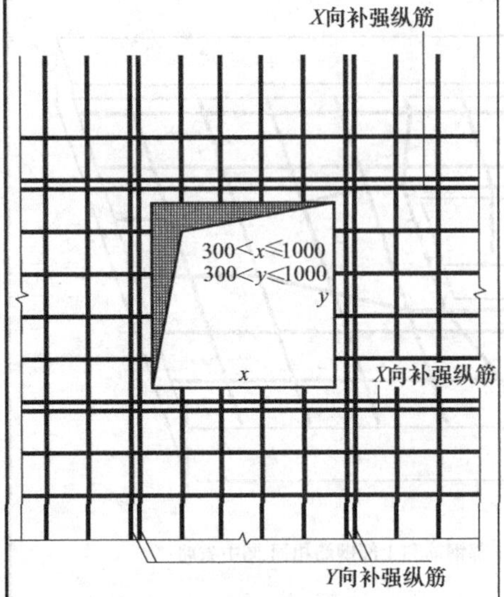 *X*向补强纵筋 300<*x*≤1000 300<*y*≤1000 *y* *X*向补强纵筋 *x* *Y*向补强纵筋 板中开洞,矩形洞边长大于300但不大于1000时补强钢筋构造	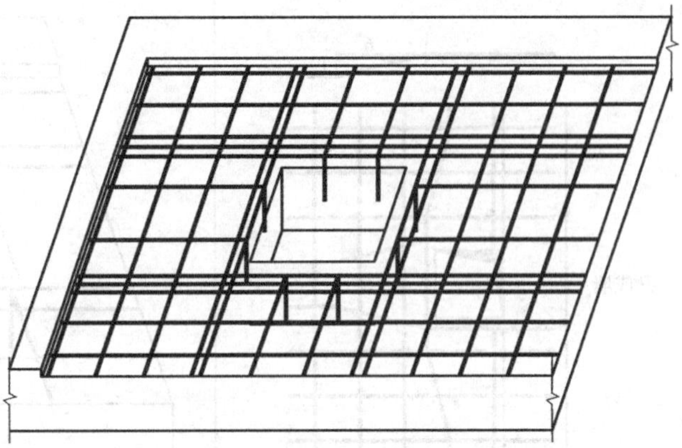 板下部钢筋和上部钢筋相同，图中省略 板中开洞,矩形洞边长大于300但不大于1000时补强钢筋构造立体示意图
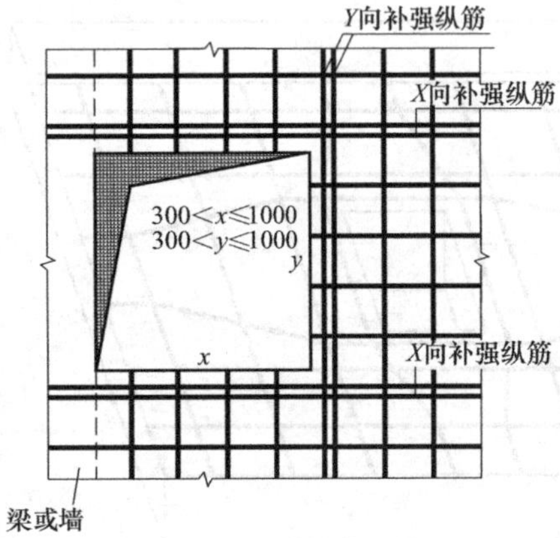 *Y*向补强纵筋 *X*向补强纵筋 300<*x*≤1000 300<*y*≤1000 *y* *X*向补强纵筋 *x* 梁或墙 梁边或墙边开洞,矩形洞边长大于300但不大于1000时补强钢筋构造	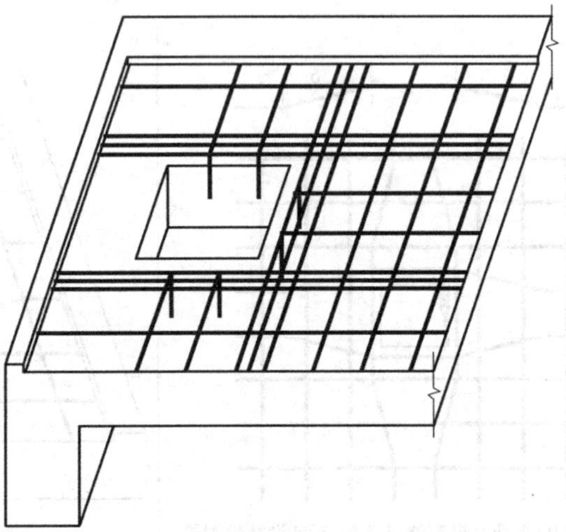 板下部钢筋和上部钢筋相同，图中省略 梁边或墙边开洞,矩形洞边长大于300但不大于1000时补强钢筋构造立体示意图

第5章 板式楼梯平法施工图导读

5.1 板式楼梯平法施工图制图规则

平面注写方式见表 5-1。

表 5-1 平面注写方式表

图集内容（16G101-2-9页）	解释
5.1.1 平面注写方式 （1）平面注写方式定义 　　平面注写方式，系在楼梯平面布置图上注写截面尺寸和配筋具体数值的方式来表达楼梯施工图。包括集中标注和外围标注。 （2）楼梯集中标注的内容 　　楼梯集中标注的内容有五项，具体规定如下： 　①梯板类型代号与序号，如 AT××。 　②梯板厚度，注写为 $h=$×××。当为带平板的梯板 H 梯段板厚度和平板厚度不同时，可在梯段板厚度后面括号内以字母 P 打头注写平板厚度。 【例】$h=130$（P150），130 表示梯段板厚度，150 表示梯板平板段的厚度。 　③踏步段总高度和踏步级数，之间以"/"分隔。 　④梯板支座上部纵筋，下部纵筋，之间以"；"分隔。 　⑤梯板分布筋，以 F 打头注写分布钢筋具体值，该项也可在图中统一说明。 【例】平面图中梯板类型及配筋的完整标注示例如下（AT 型）： 　　AT1，$h=120$　梯板类型及编号，梯板板厚 　　1800/12　踏步段总高度 / 踏步级数 　　⏀10@200；⏀12@150　上部纵筋；下部纵筋 　　F⏀8@250　梯板分布筋（可统一说明） （3）楼梯外围标注的内容，包括楼梯间的平面尺寸、楼层结构标高、层间结构标高、楼梯的上下方向、梯板的平面几何尺寸、平台板配筋、梯梁及梯柱配筋等。	（1）1 号 AT 型梯板，梯板厚度 120 （2）踏步段总高度 1800，踏步级数 12 （3）上部纵筋⏀10@200；下部纵筋⏀12@150 （4）梯板分布筋 F⏀8@250 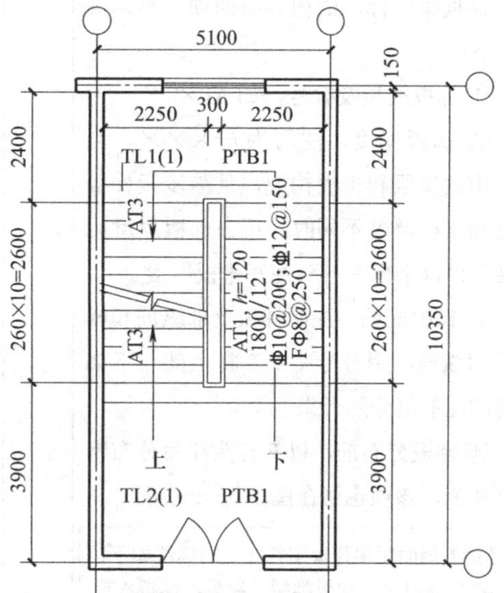 梯1三四层平面

剖面注写方式见表 5-2。

表 5-2 剖面注写方式表

图集内容（16G101-2-8 页）	解释
5.1.2 剖面注写方式 （1）剖面注写方式定义 剖面注写方式需在楼梯平法施工图中绘制楼梯平面布置图和楼梯剖面图，注写方式分平面注写、剖面注写两部分。 （2）楼梯平面布置图注写内容 楼梯平面布置图注写内容，包括楼梯间的平面尺寸、楼层结构标高、层间结构标高、楼梯的上下方向、梯板的平面几何尺寸、梯板类型及编号、平台板配筋、梯梁及梯柱配筋等。 （3）楼梯剖面图注写内容 楼梯剖面图注写内容，包括梯板集中标注、梯梁梯柱编号、梯板水平及竖向尺寸、楼层结构标高、层间结构标高等。 （4）梯板集中标注的内容 梯板集中标注的内容有四项，具体规定如下： ① 梯板类型及编号，如 AT××。 ② 梯板厚度，注写为 $h=×××$。当梯板由踏步段和平板构成，且踏步段梯板厚度和平板厚度不同时，可在梯板厚度后面括号内以字母 P 打头注写平板厚度。 ③ 梯板配筋。注明梯板上部纵筋和梯板下部纵筋，用分号"；"将上部与下部纵筋的配筋值分隔开来。 ④ 梯板分布筋，以 F 打头注写分布钢筋具体值，该项也可在图中统一说明。 【例】剖面图中梯板配筋完整的标注如下： 　AT1，$h=120$　梯板类型及编号，梯板板厚 　Φ10@200；Φ12@150　上部纵筋；下部纵筋 　FΦ8@250　梯板分布筋（可统一说明）	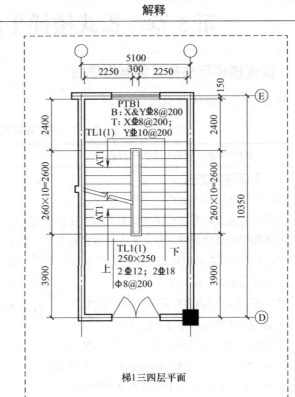 梯1三四层平面 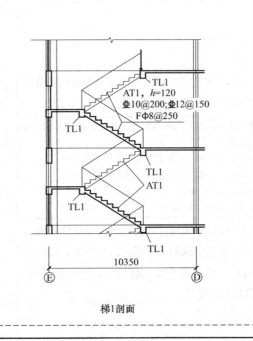 梯1剖面

5.2 板式楼梯平法施工图实例

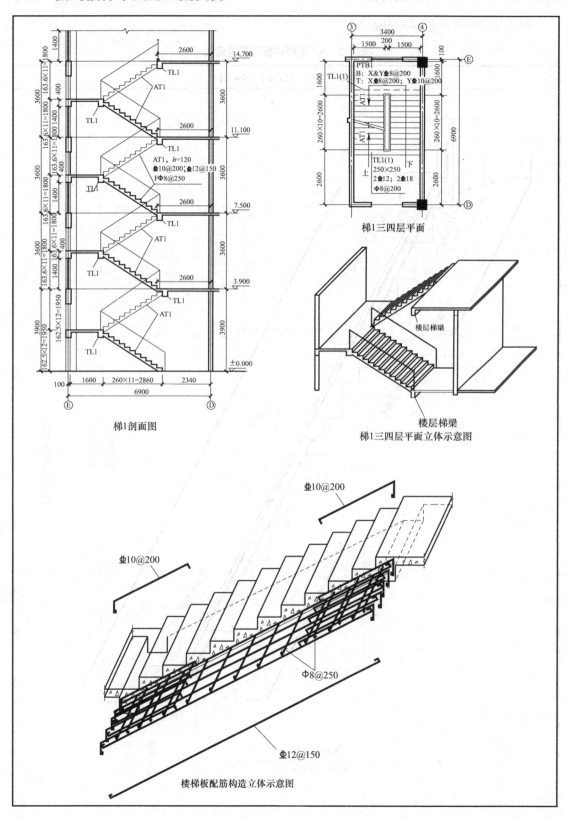

5.3 板式楼梯标准构造详图

板式楼梯标准构造详图见表 5-3。

表 5-3 AT 型楼梯板配筋构造表

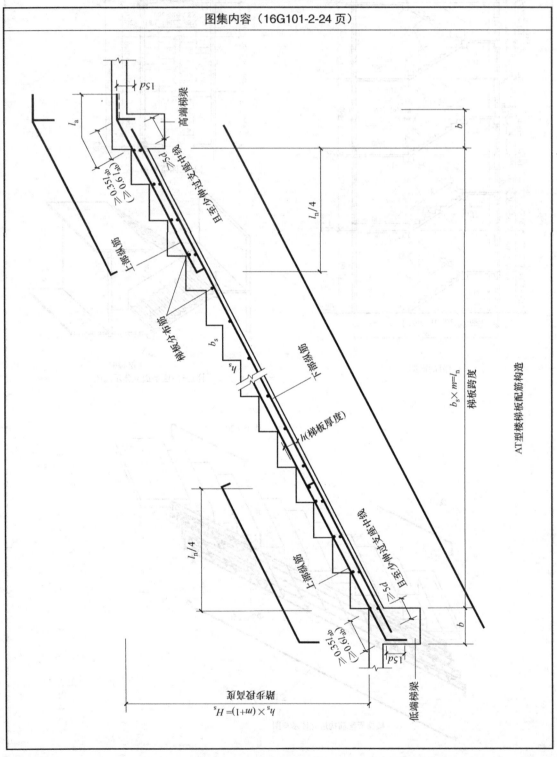

解释
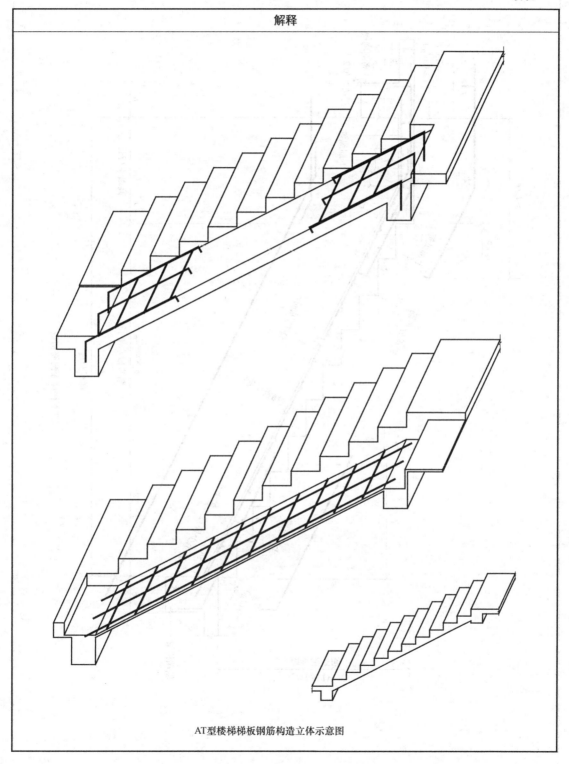 AT型楼梯梯板钢筋构造立体示意图

续表

图集内容（16G101-2-28页）

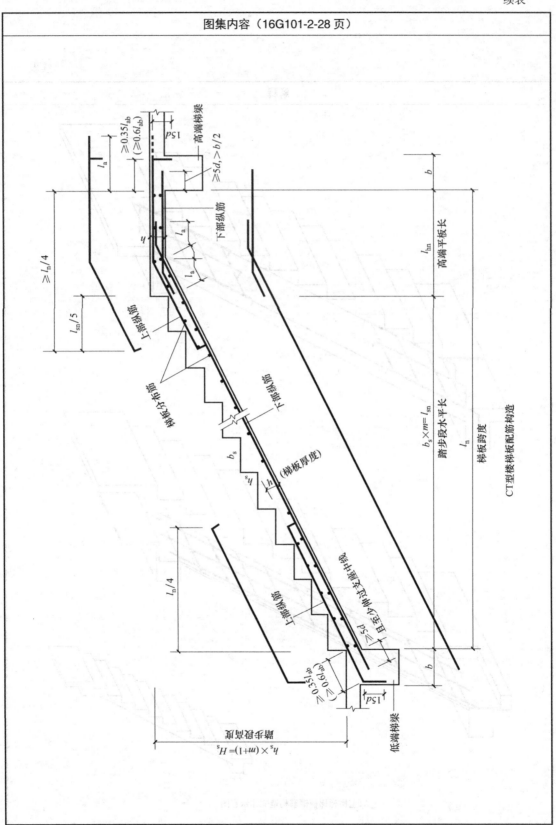

CT型楼梯板配筋构造

续表

解释
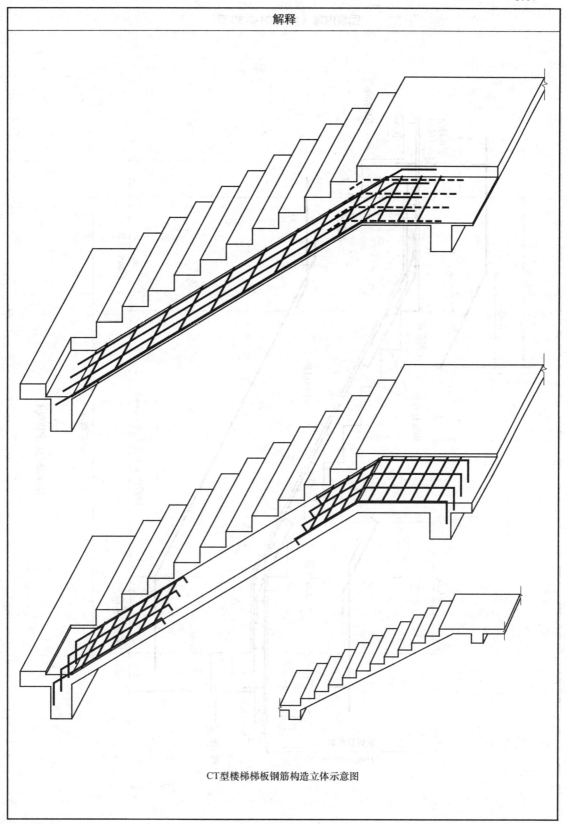
CT型楼梯梯板钢筋构造立体示意图

续表

图集内容（16G101-2-30 页）
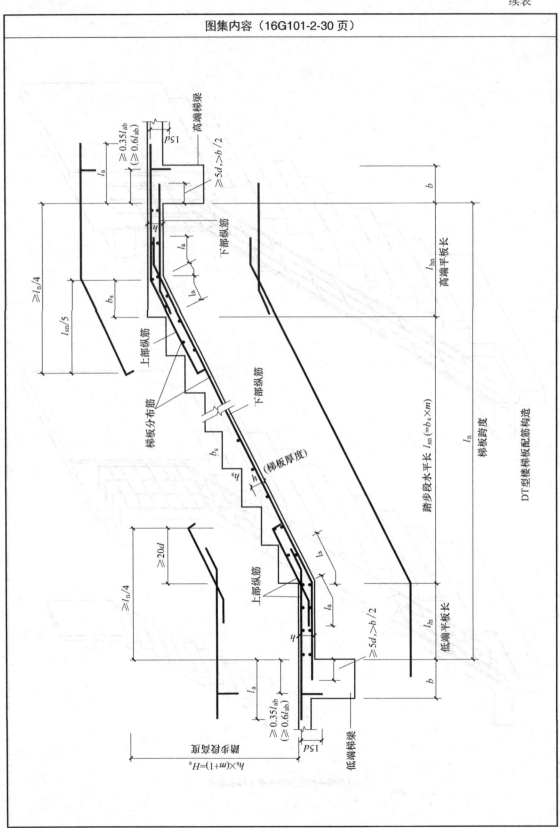 DT型楼梯板配筋构造

续表

解释

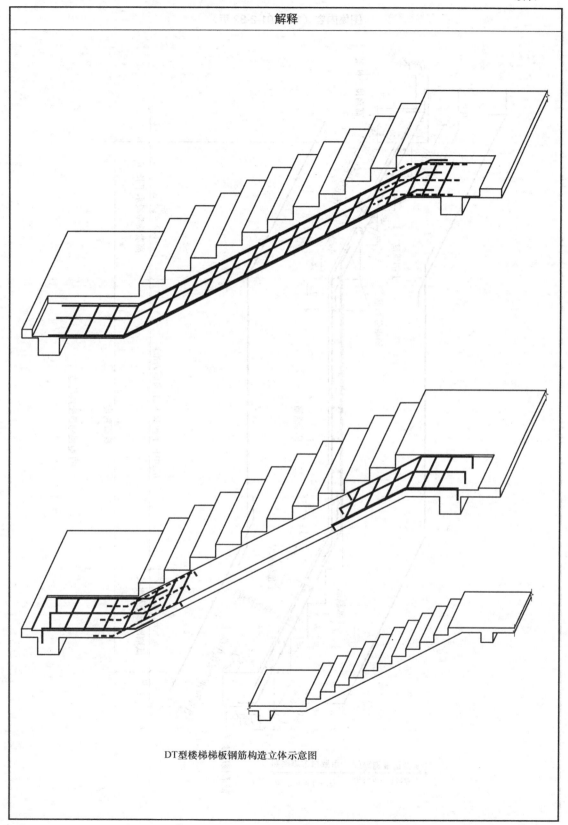

DT型楼梯梯板钢筋构造立体示意图

续表

图集内容（16G101-2-32页）

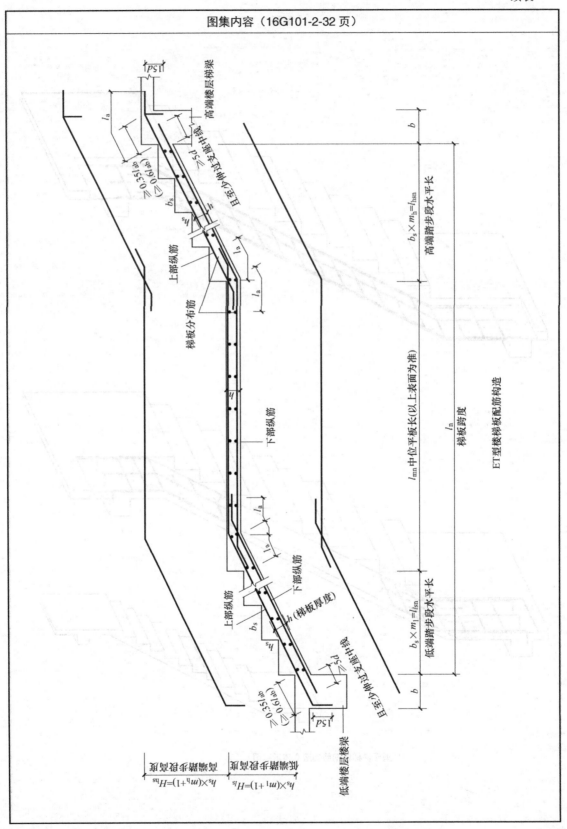

ET型楼梯梯板配筋构造

续表

解释
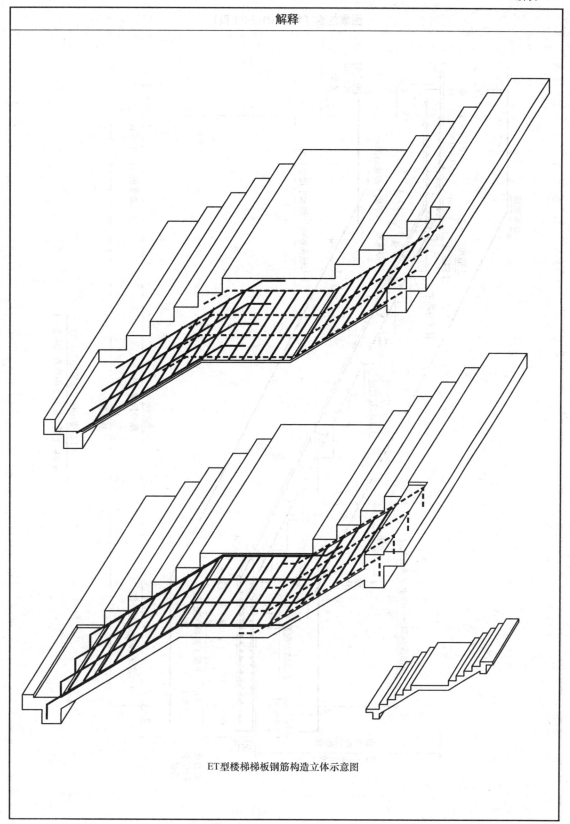 ET型楼梯梯板钢筋构造立体示意图

123

续表

图集内容（16G101-2-34页）

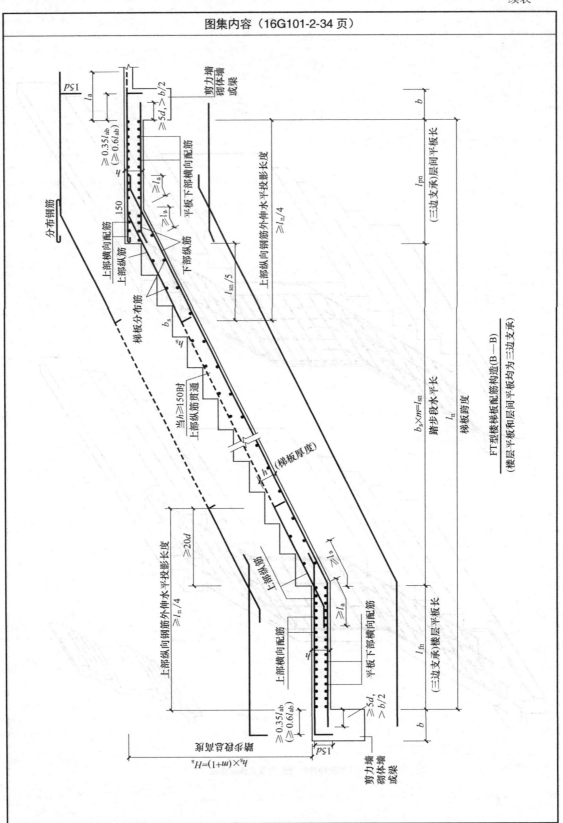

续表

解释
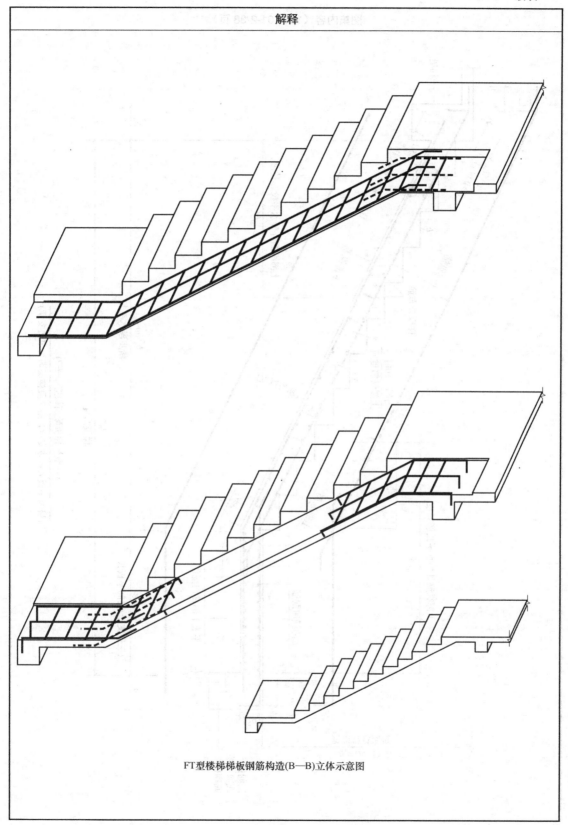
FT型楼梯梯板钢筋构造(B—B)立体示意图

续表

图集内容（16G101-2-38页）

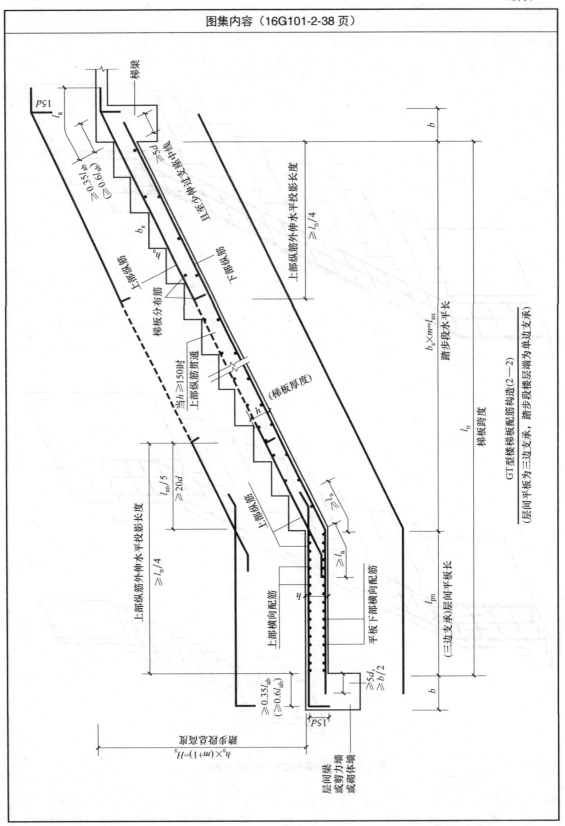

GT型楼梯梯板配筋构造（2—2）
（层间平板为三边支承，踏步段楼层端为单边支承）

126

续表

解释
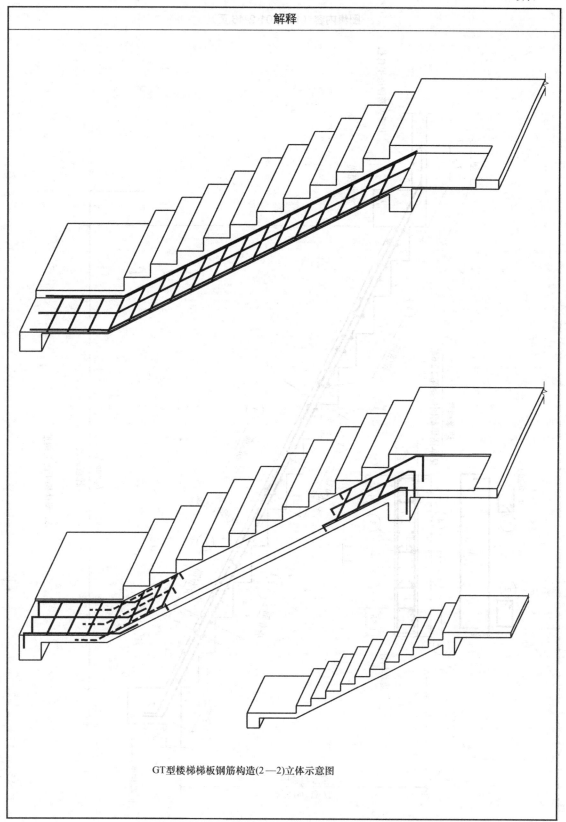
GT型楼梯梯板钢筋构造(2—2)立体示意图

续表

图集内容（16G101-2-46页）

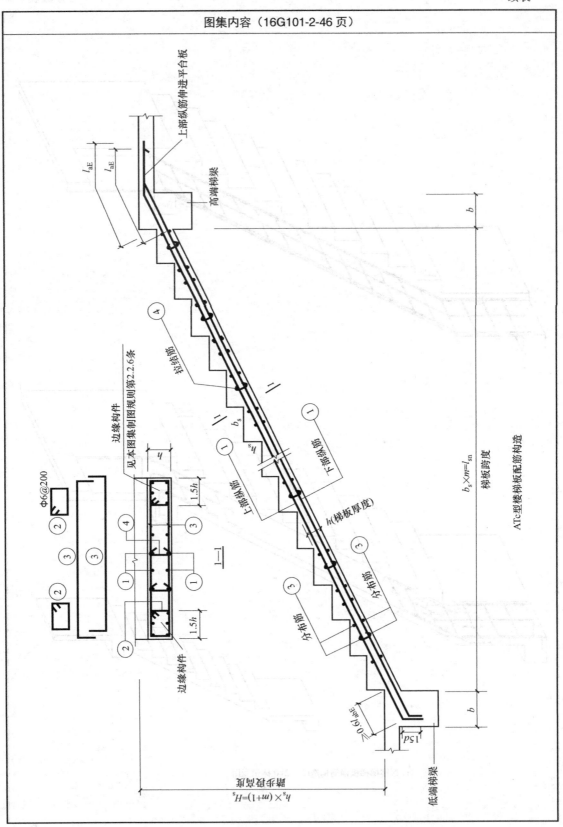

128

续表

解释
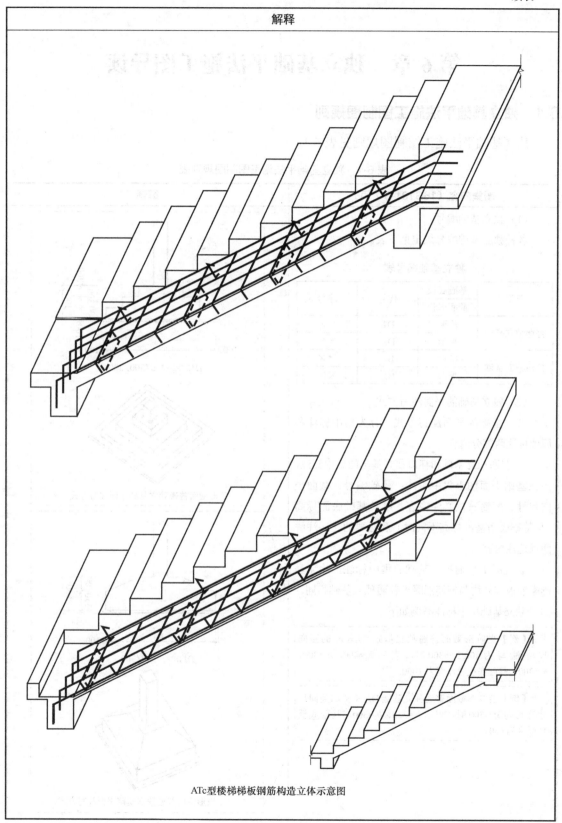ATc型楼梯梯板钢筋构造立体示意图

129

第6章 独立基础平法施工图导读

6.1 独立基础平法施工图制图规则

独立基础平法施工图制图规则见表6-1。

表6-1 独立基础平法施工图制图规则表

图集内容（16G101-3-7页）	解释
（1）独立基础编号 各种独立基础编号规定见下表。 **独立基础编号表** 	类型	基础底板截面形状	代号	序号
---	---	---	---
普通独立基础	阶形	DJ_J	××
	坡形	DJ_P	××
杯口独立基础	阶形	BJ_J	××
	坡形	BJ_P	×× | （2）独立基础的平面注写方式 独立基础的平面注写方式，分为集中标注和原位标注两部分内容。 ① 普通独立基础和杯口独立基础的集中标注，系在基础平面图上集中引注：基础编号、截面竖向尺寸、配筋三项必注内容，以及基础底面标高（与基础底面基准标高不同时）和必要的文字注解两项选注内容。 素混凝土普通独立基础的集中标注，除无基础配筋内容外均与钢筋混凝土普通独立基础相同。 独立基础集中标注举例如下： 【例】当阶形截面普通独立基础DJ_J××的竖向尺寸注写为400/300/300时，表示$h_1=400$，$h_2=300$，$h_3=300$，基础底板总厚度为1000。 【例】当坡形截面普通独立基础DJ_P××的竖向尺寸注写为350/300时，表示$h_1=350$，$h_2=300$，基础底板总厚度为650。	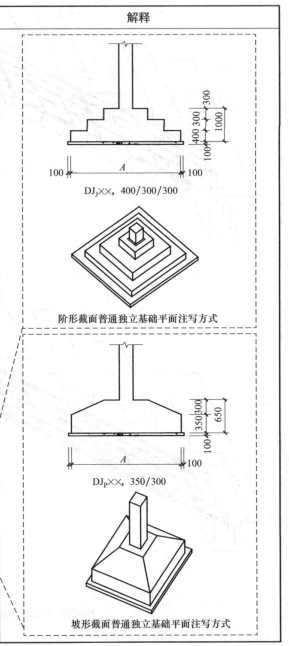 DJ_J××，400/300/300 阶形截面普通独立基础平面注写方式 DJ_P××，350/300 坡形截面普通独立基础平面注写方式

续表

图集内容（16G101-3-10页）	解释
【例】当独立基础底板配筋标注为：B：X $\underline{\Phi}$ 16@150，Y $\underline{\Phi}$ 16@200；表示基础底板底部配置HRB400级钢筋，X向直径为$\underline{\Phi}$ 16，分布间距150；Y向直径为$\underline{\Phi}$ 16，分布间距200，见下图。 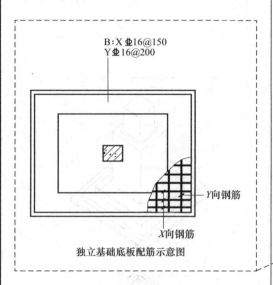 独立基础底板配筋示意图	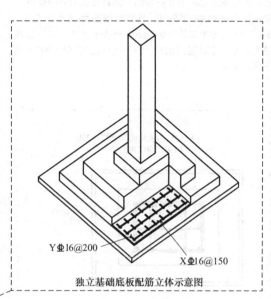 独立基础底板配筋立体示意图
【例】当杯口独立基础顶部钢筋网标注为：Sn 2 $\underline{\Phi}$ 14，表示杯口顶部每边配置2根HRB400级直径为$\underline{\Phi}$ 14的焊接钢筋网，见下图。 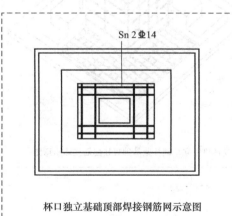 杯口独立基础顶部焊接钢筋网示意图	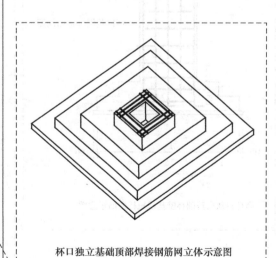 杯口独立基础顶部焊接钢筋网立体示意图

续表

图集内容（16G101-3-10，11页）	解释
【例】当高杯口独立基础的杯壁外侧和短柱配筋标注为：O：4⊈20/⊈6@220 / ⊈2@200，φ10@150/300；表示高杯口独立基础的杯壁外侧和短柱配置HRB400级竖向钢筋和HPB300级箍筋。其竖向钢筋为：4⊈20角筋、⊈6@220长边中部筋和⊈2@200短边中部筋；其箍筋直径为φ10，杯口范围间距150，短柱范围间距300，见下图。	
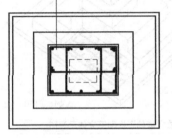 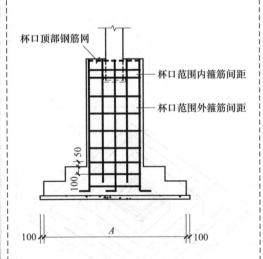 高杯口独立基础杯壁基础短柱配筋示意图	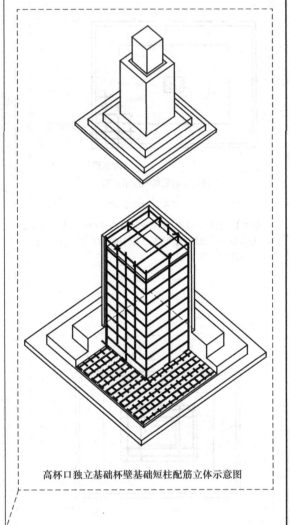 高杯口独立基础杯壁基础短柱配筋立体示意图

续表

图集内容（16G101-3-11页）	解释
【例】当短柱配筋标注为：DZ：4⏀20/3⏀18/1⏀18，Φ10@100，−2.500～−0.050；表示独立基础的短柱设置在 −2.500～−0.050 高度范围内，配置HRB400级竖向钢筋和HPB300级箍筋。其竖向钢筋为：4⏀20角筋、3⏀18 X边中部筋和1⏀18 Y边中部筋；其箍筋直径为Φ10，间距100，见下图。 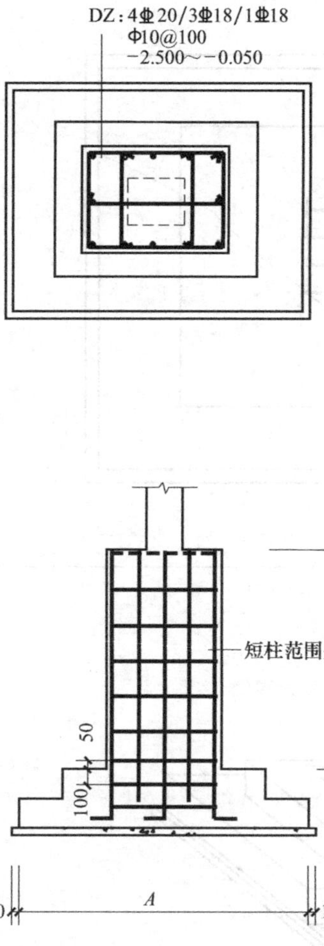	

单柱独立深基础短柱配筋示意图

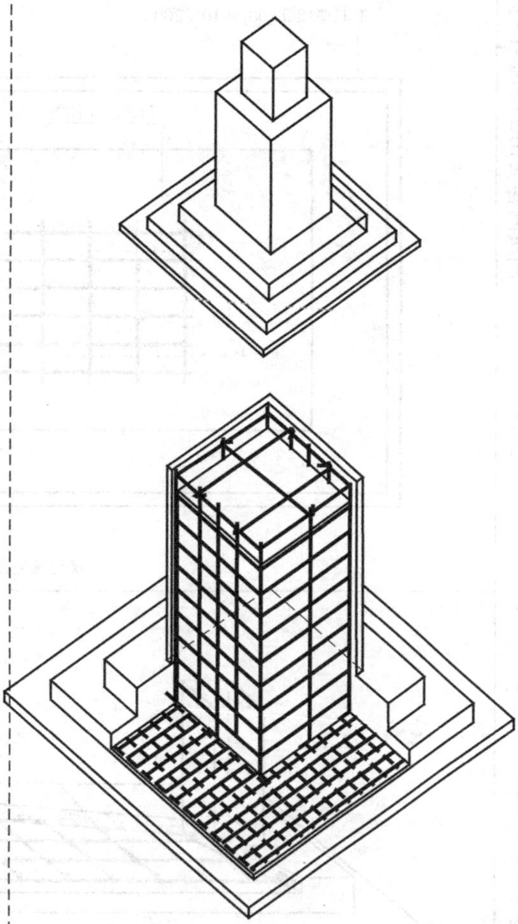

单柱独立深基础短柱配筋立体示意图

图集内容（16G101-3-16页）	② 钢筋混凝土和素混凝土独立基础的原位标注，系在基础平面布置图上标注独立基础的平面尺寸。对相同编号的基础，可选择一个进行原位标注；当平面图形较小时，可将所选定进行原位标注的基础按比例适当放大；其他相同编号者仅注编号。【例】T：11⎯18@100/Φ10@200；表示独立基础顶部配置纵向受力钢筋HRB400级，直径为⎯18设置11根，间距100；分布筋HPB300级，直径为Φ10，分布间距200，见下图。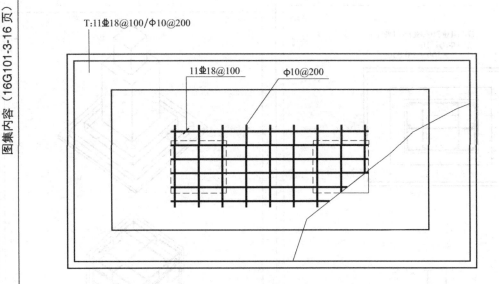 双柱独立基础顶部配筋示意图
解释	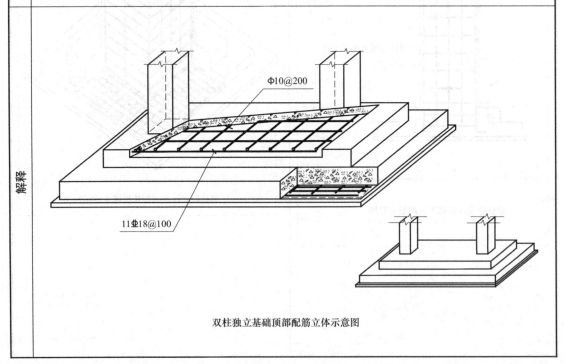 双柱独立基础顶部配筋立体示意图

6.2 独立基础平法施工图实例

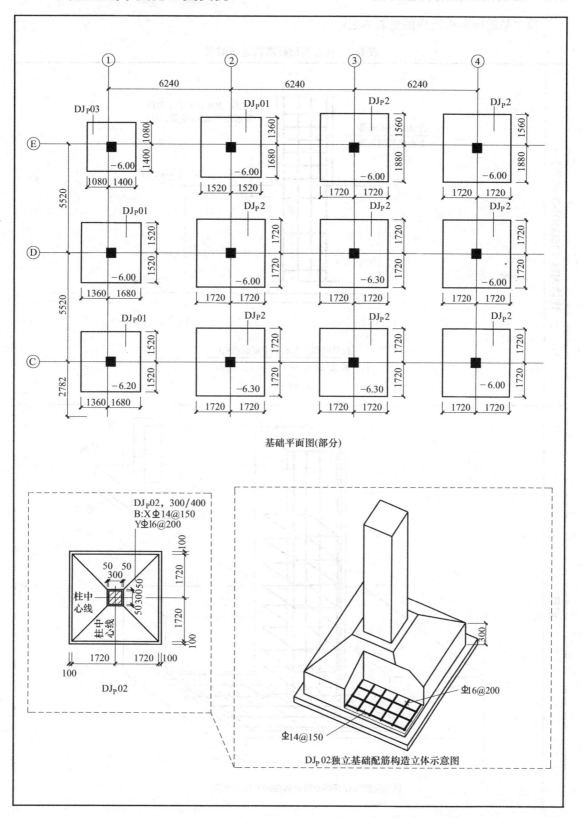

基础平面图(部分)

DJ₀02独立基础配筋构造立体示意图

6.3 独立基础标准构造详图

独立基础标准构造详图见表 6-2。

表 6-2 独立基础标准构造详图表

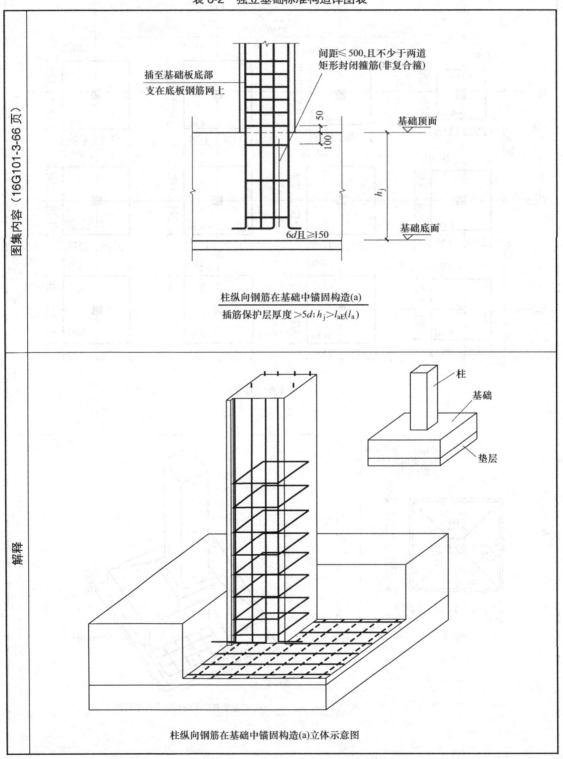

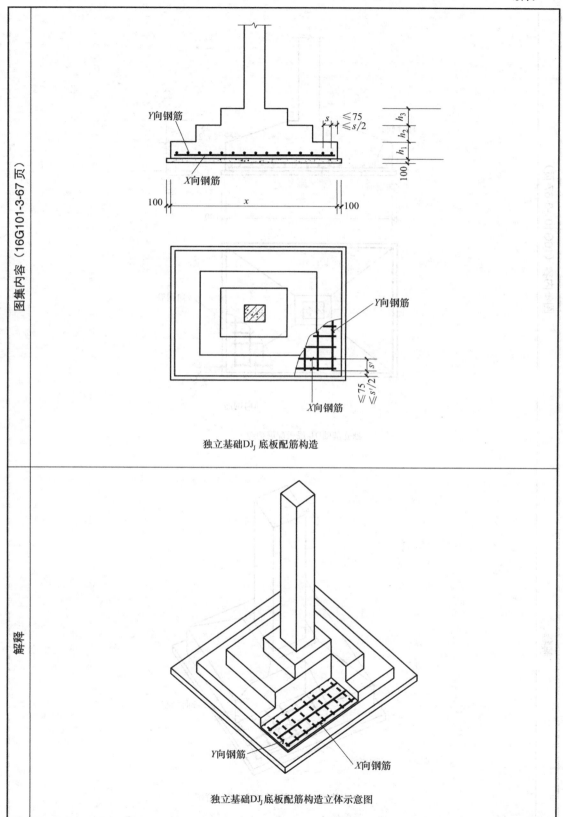

图集内容（16G101-3-67页）	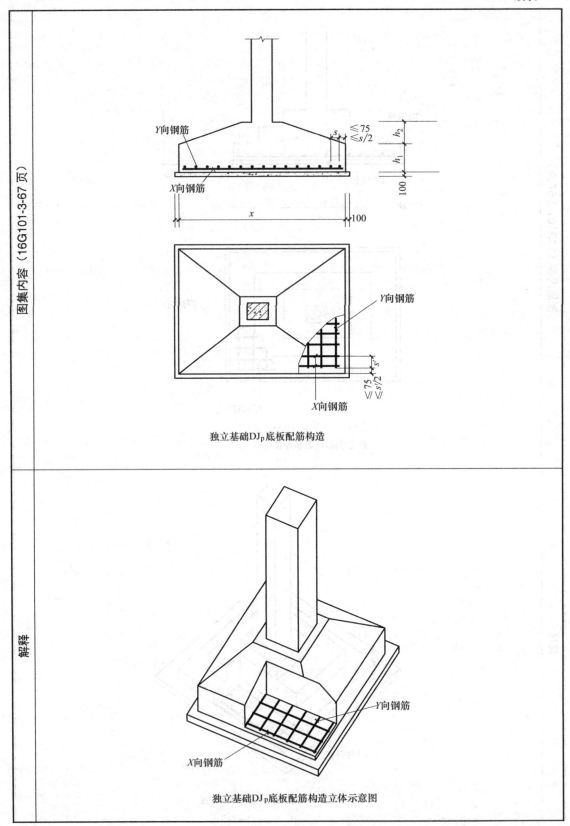 独立基础DJp底板配筋构造 独立基础DJp底板配筋构造立体示意图
解释	

续表

图集内容（16G101-3-68页）

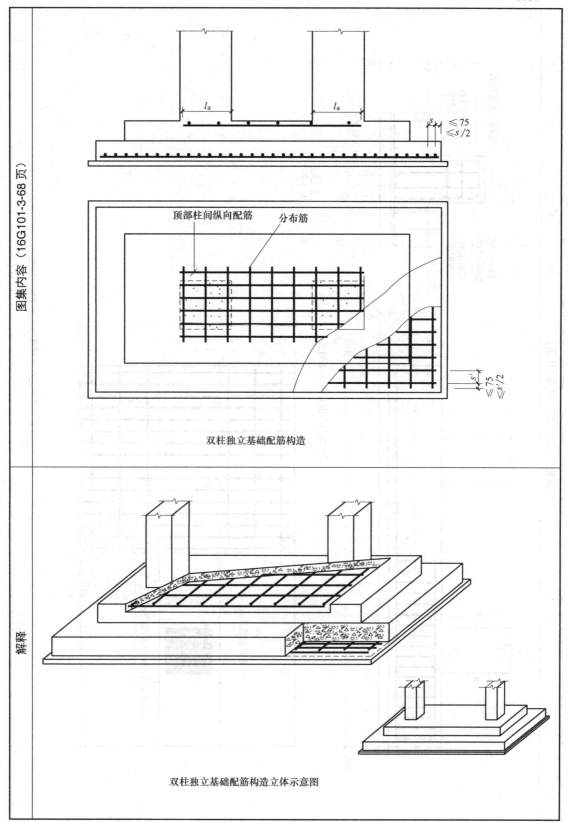

双柱独立基础配筋构造

解释

双柱独立基础配筋构造立体示意图

139

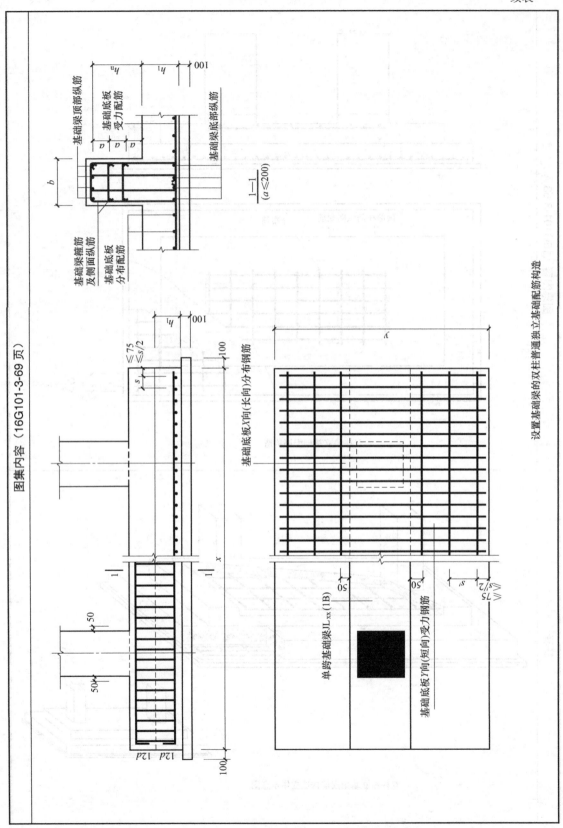

续表

| 解释 | 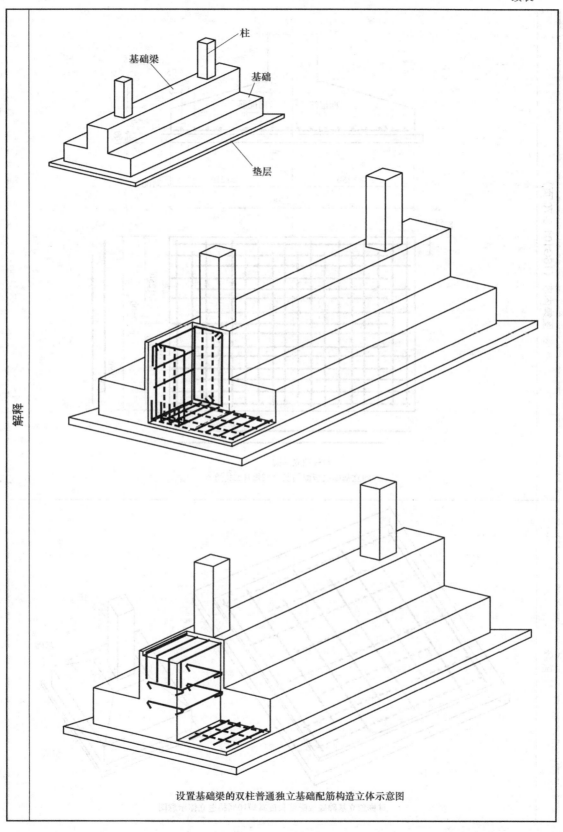 |

设置基础梁的双柱普通独立基础配筋构造立体示意图

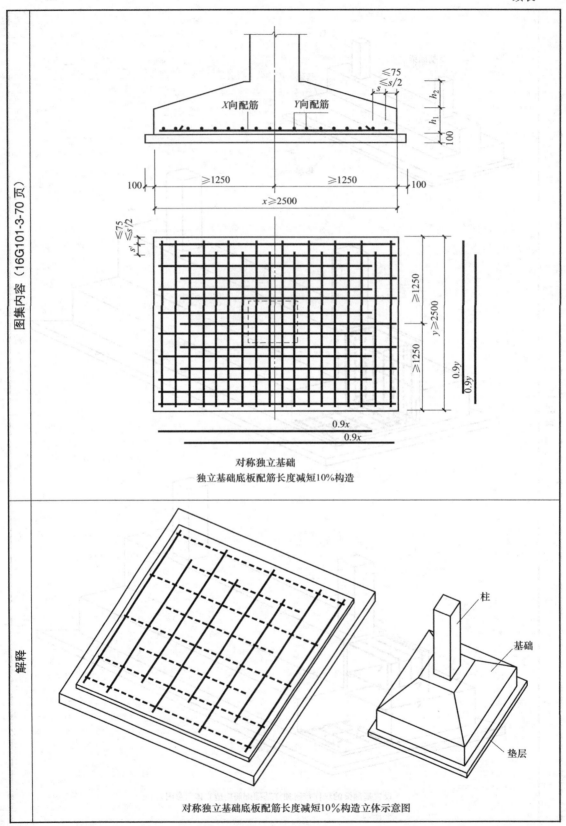

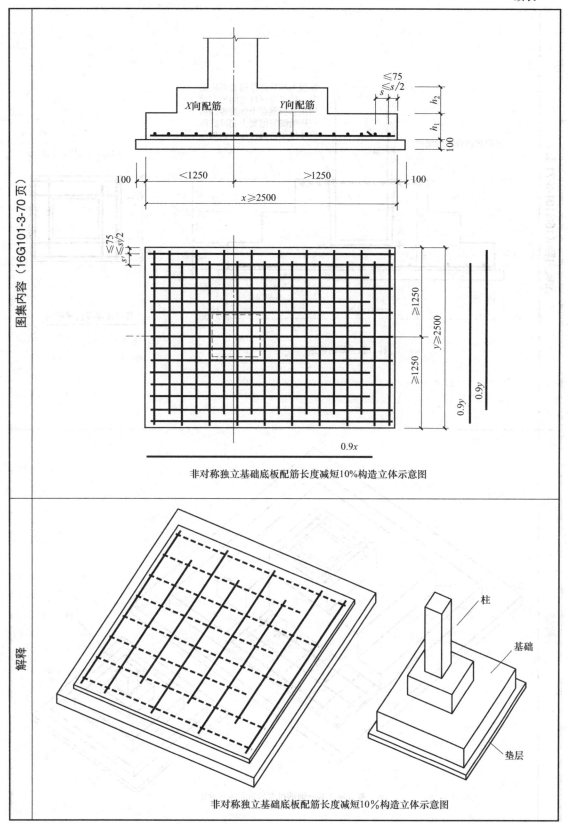

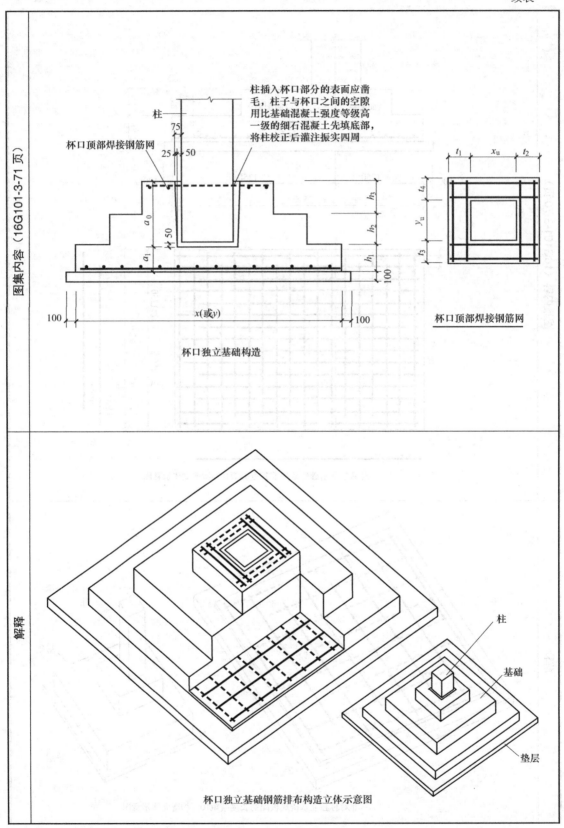

续表

名称	图例
图集内容（16G101-3-71页）	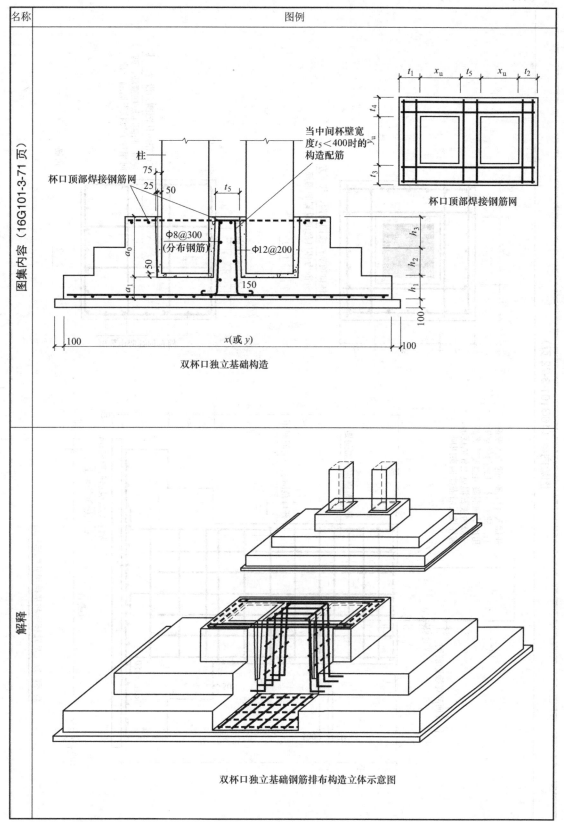 双杯口独立基础构造 杯口顶部焊接钢筋网
解释	双杯口独立基础钢筋排布构造立体示意图

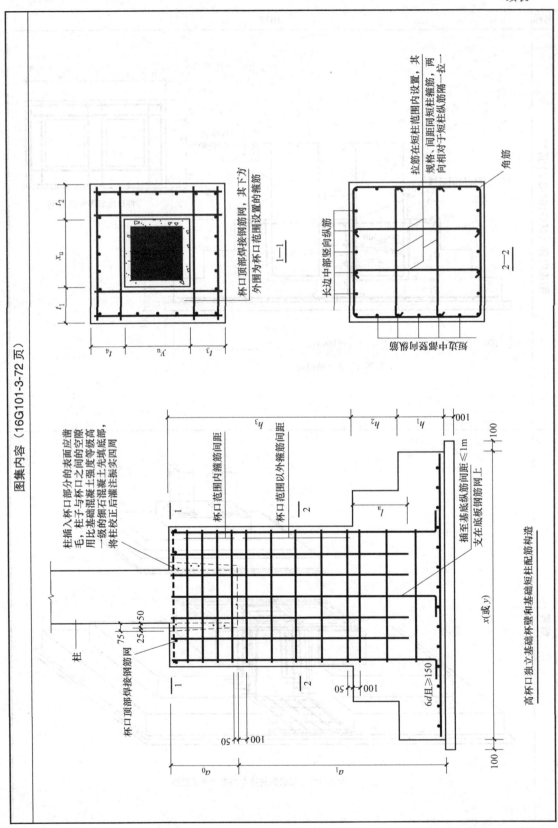

续表

| 解释 | 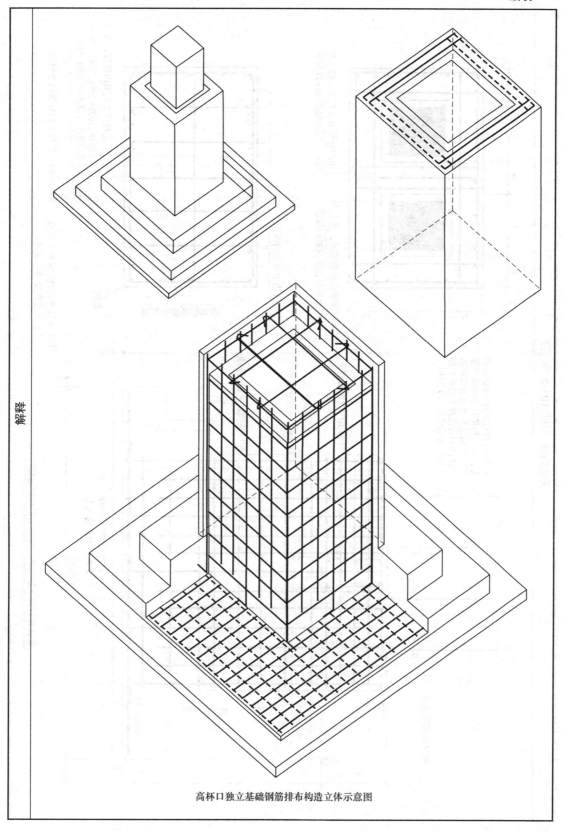 |

高杯口独立基础钢筋排布构造立体示意图

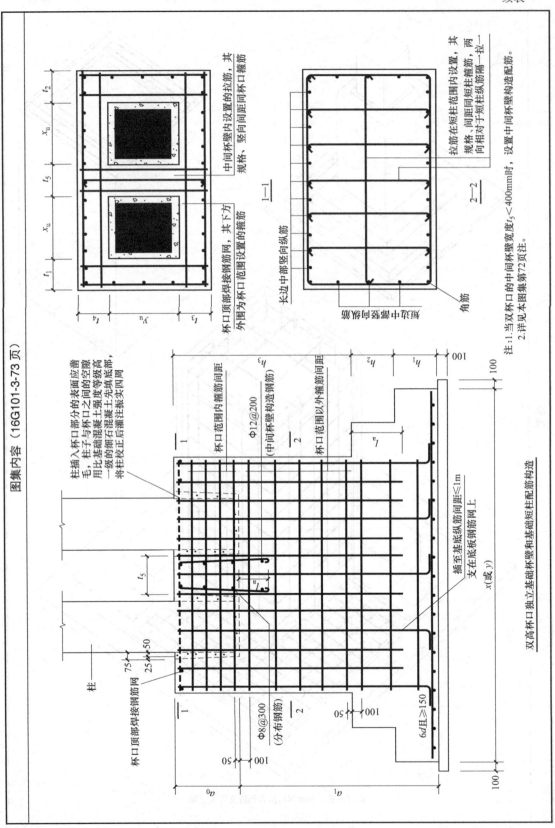

| 解释 | 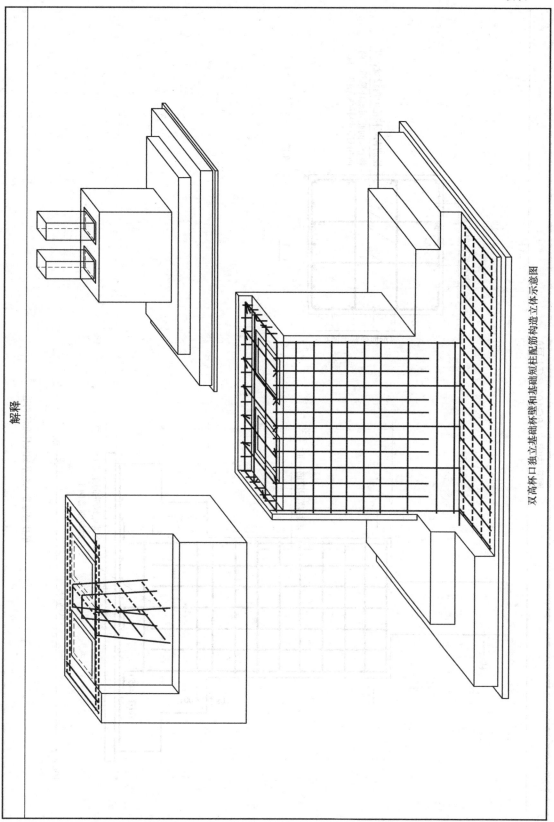 双高杯口独立基础杯壁和基础短柱配筋构造立体示意图 |

149

图集内容（16G101-3-74页）

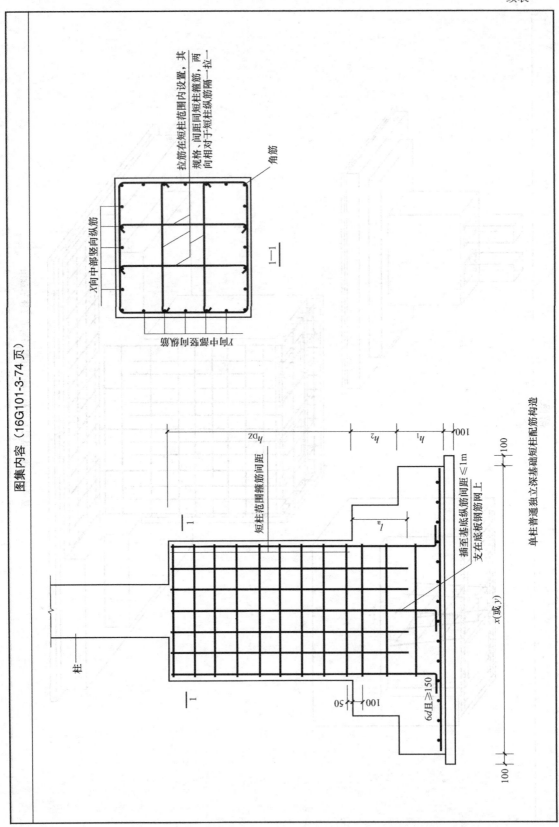

单柱普通独立深基础短柱配筋构造

150

解释
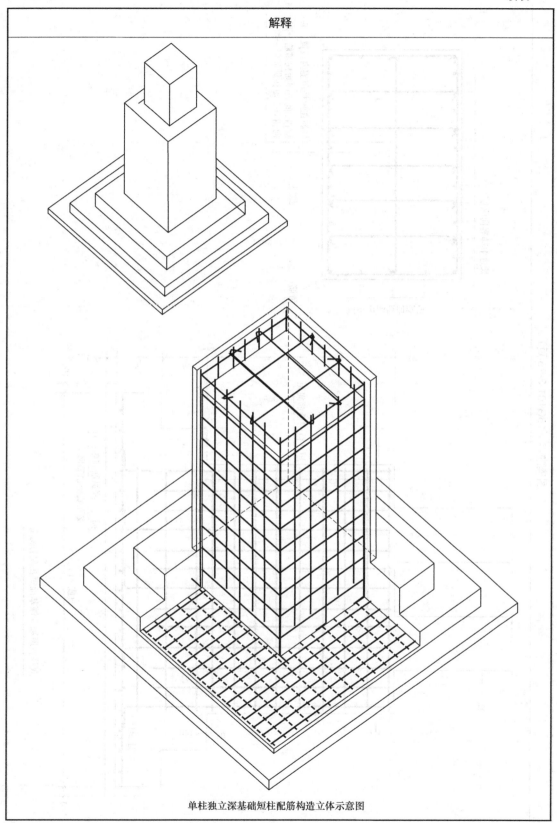 单柱独立深基础短柱配筋构造立体示意图

151

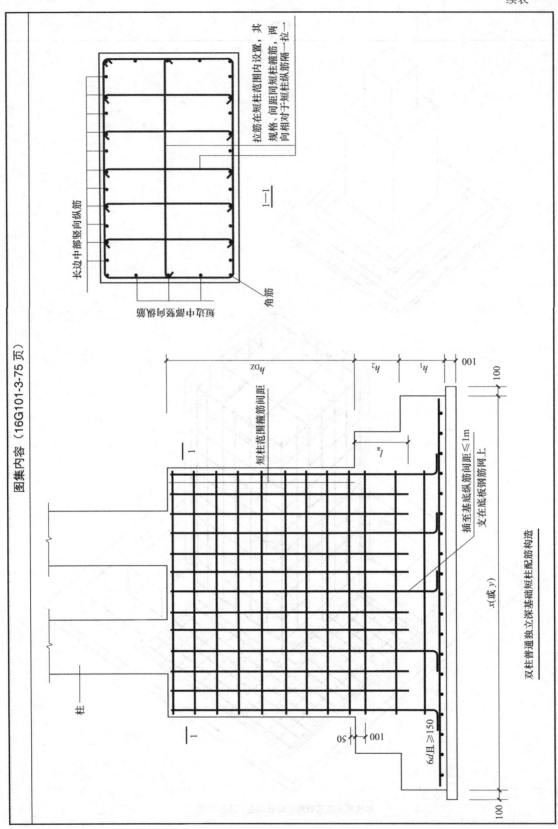

续表

解释

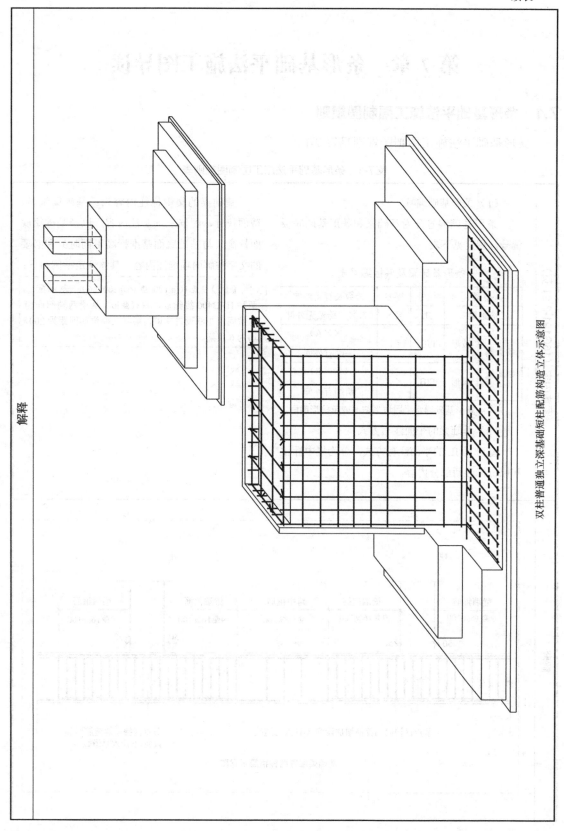

双柱普通独立深基础短柱配筋构造立体示意图

第7章 条形基础平法施工图导读

7.1 条形基础平法施工图制图规则

条形基础平法施工图制图规则见表 7-1。

表 7-1 条形基础平法施工图制图规则表

图集内容（16G101-3-21 页）	（1）条形基础编号 条形基础编号分为基础梁和条形基础底板编号，规定见下表。 **条形基础梁及底板编号表** | 类型	代号	序号	跨数及有无外伸
基础梁	JL	××	(××) 跨数无外伸
条形基础底板 坡形	TJB$_P$	××	(××A) 一端有外伸
条形基础底板 阶形	TJB$_J$	××	(××B) 两端有外伸 | 注：条形基础通常采用坡形截面或单阶形截面。 （2）基础梁的平面注写方式 基础梁 JL 的平面注写方式，分为集中标注和原位标注两部分内容。	基础梁的集中标注内容为：基础梁编号、截面尺寸、配筋三项必注内容，以及基础梁底面标高（与基础底面基准标高不同时）和必要的文字注解两项选注内容。具体规定举例如下： 【例】9Φ16@100/Φ16@200 (6)，表示配置两种 HRB400 级箍筋，直径Φ16，从梁两端起向跨内按间距 100 设置 9 道，梁其余部位的间距为 200，均为 6 肢箍。

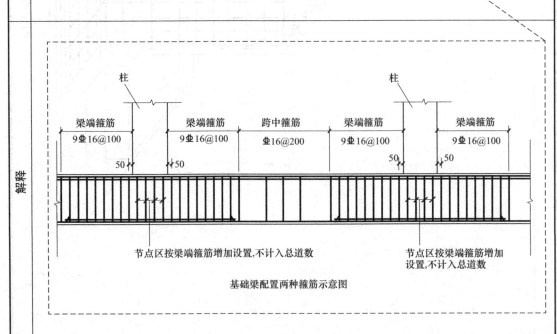

基础梁配置两种箍筋示意图

图集内容（16G101-3-22页）

【例】B：4⊈25；T：11⊈25 7/4，表示梁底部配置贯通纵筋为4⊈25；梁顶部配置贯通纵筋上一排为7⊈25，下一排为4⊈25，共11⊈25。

【例】G4⊈14，表示梁每个侧面配置纵向构造钢筋2⊈14，共配置4⊈14。

解释

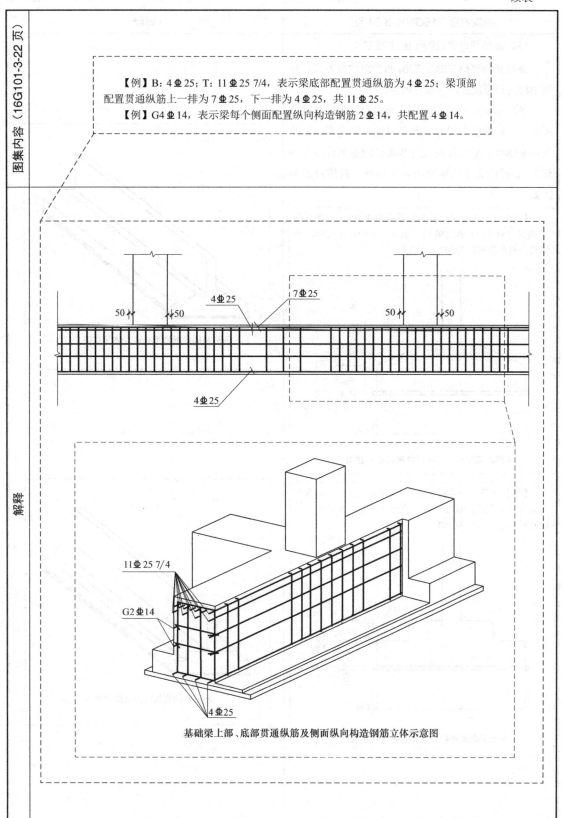

基础梁上部、底部贯通纵筋及侧面纵向构造钢筋立体示意图

图集内容（16G101-3-24页）	解释
（3）条形基础底板的平面注写方式 条形基础底板 TJB_P、TJB_J 的平面注写方式，分集中标注和原位标注两部分内容。 条形基础底板的集中标注内容为：条形基础底板编号、截面竖向尺寸、配筋三项必注内容，以及条形基础底板底面标高（与基础底面基准标高不同时）、必要的文字注解两项选注内容。具体规定举例如下： 【例】当条形基础底板为坡形截面 $TJB_{P\times\times}$，其截面竖向尺寸注写为 300/250 时，表示 $h_1=300$、$h_2=250$，基础底板根部总厚度为 550。 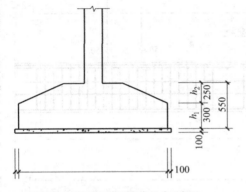 条形基础底板坡形截面竖向尺寸示意图 【例】当条形基础底板为阶形截面 $TJB_{J\times\times}$，其截面竖向尺寸注写为 300/250 时，表示 $h_1=300$、$h_2=250$，基础底板根部总厚度为 550。 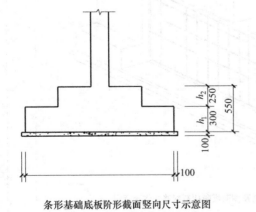 条形基础底板阶形截面竖向尺寸示意图	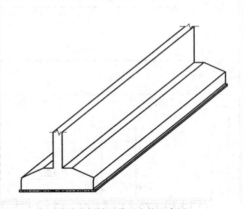 条形基础底板坡形截面立体示意图 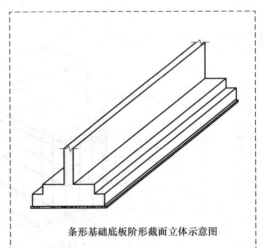 条形基础底板阶形截面立体示意图

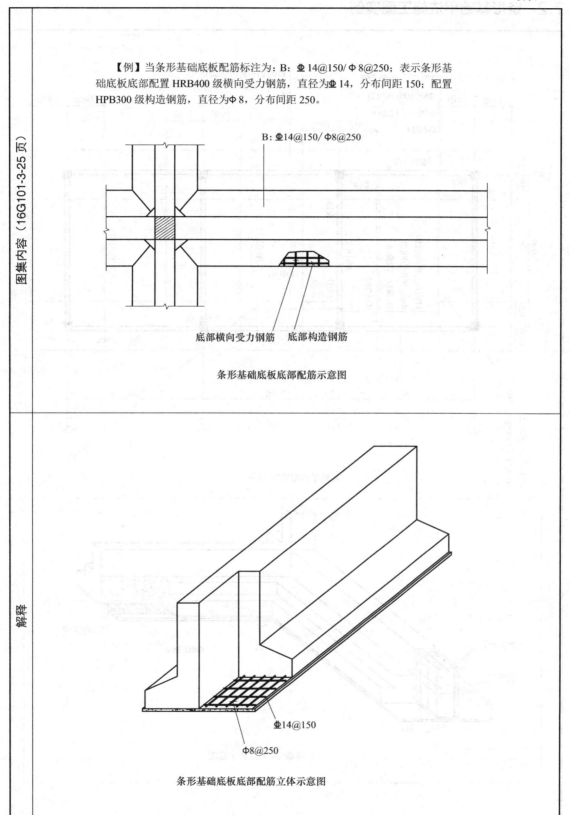

7.2 条形基础平法施工图实例

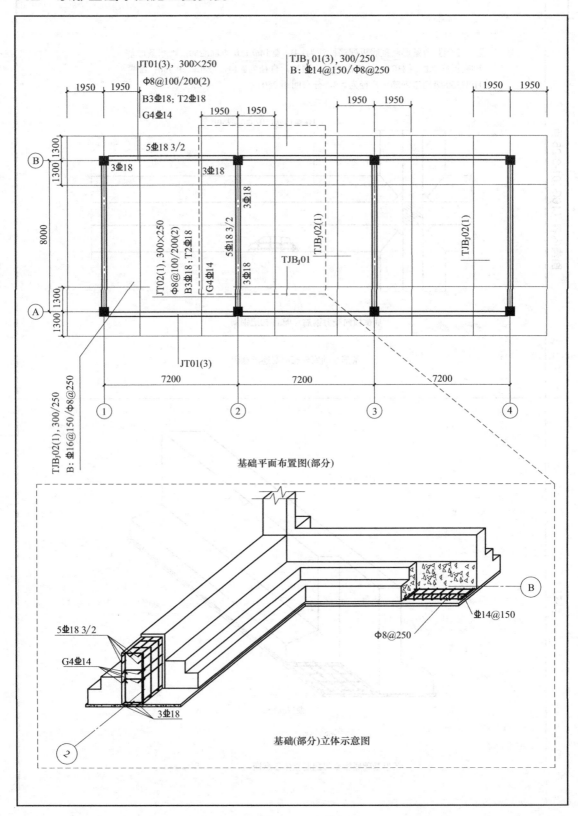

基础平面布置图(部分)

基础(部分)立体示意图

7.3 条形基础标准构造详图

条形基础标准构造详图见表7-2。

表7-2 条形基础标准构造详图表

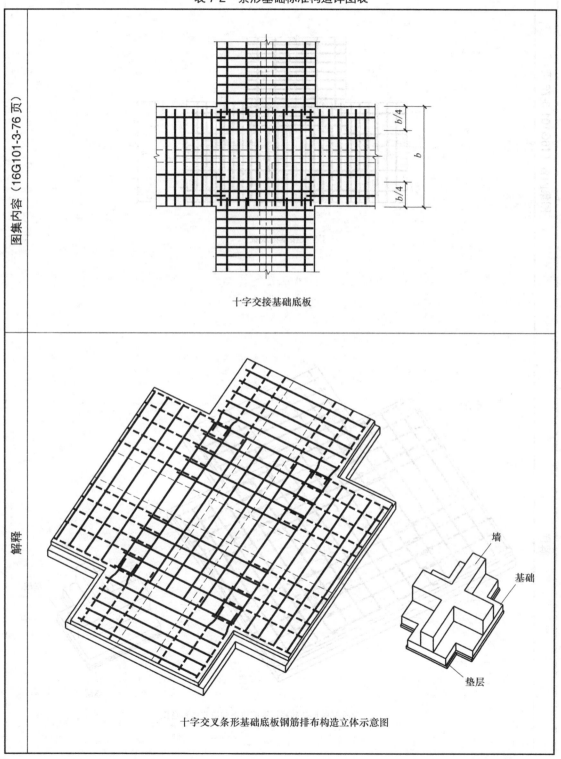

图集内容（16G101-3-76页）	丁字交接基础底板
解释	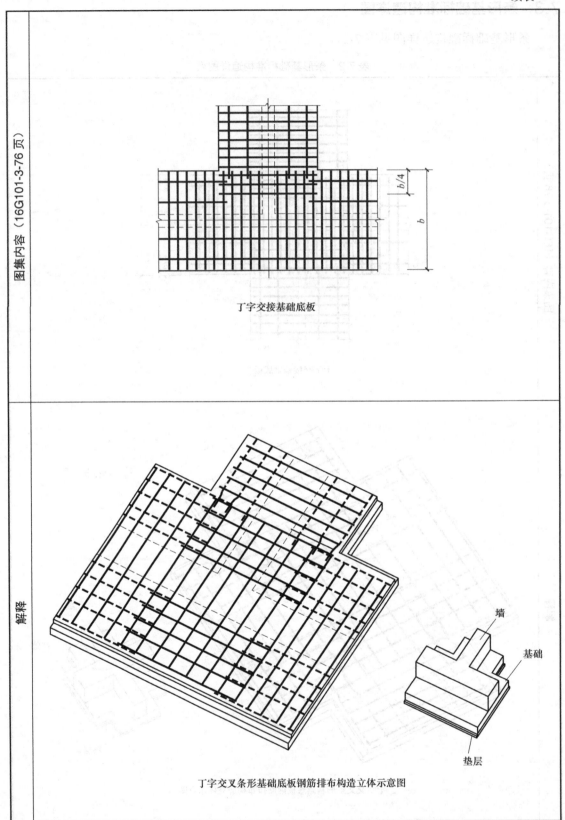 丁字交叉条形基础底板钢筋排布构造立体示意图

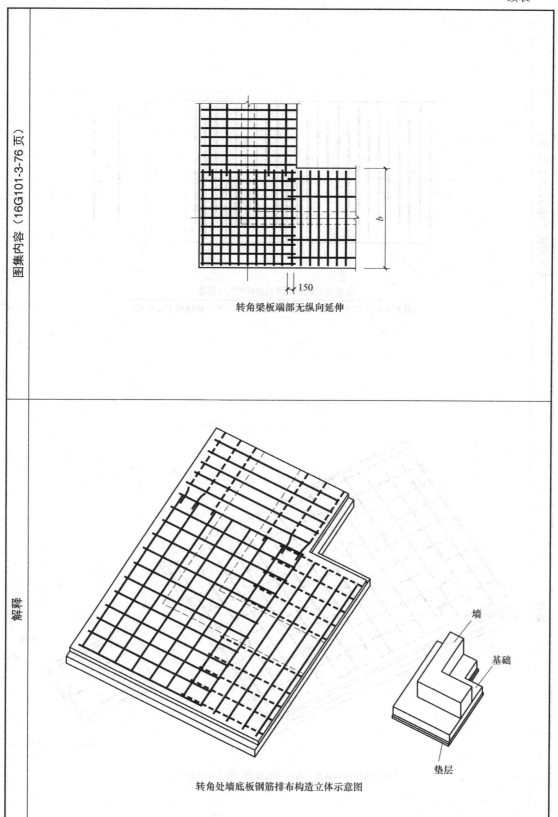

续表

图集内容（16G101-3-78页）
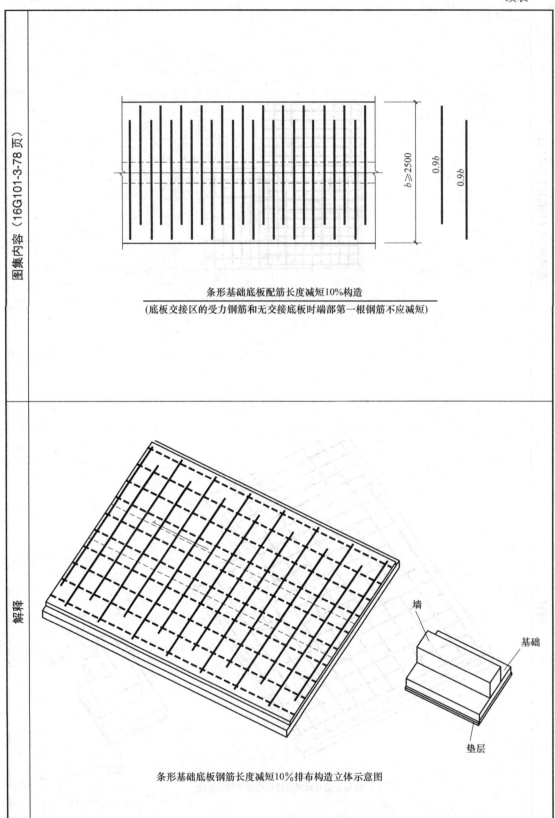
条形基础底板配筋长度减短10%构造
(底板交接区的受力钢筋和无交接底板时端部第一根钢筋不应减短)
解释
条形基础底板钢筋长度减短10%排布构造立体示意图

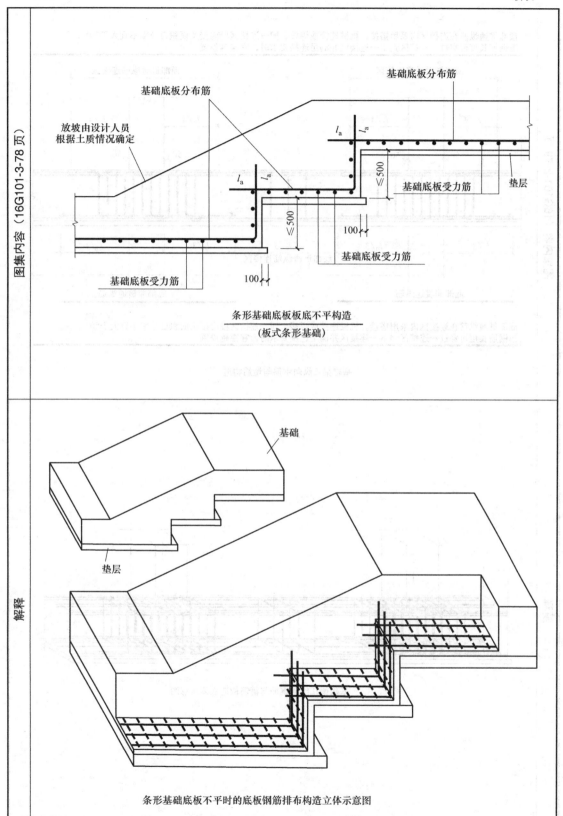

续表

| 图集内容（16G101-3-79页） | 顶部贯通纵筋在连接区内采用搭接，机械连接或焊接，同一连接区段内接头面积百分率不宜大于50%，当钢筋长度可穿过一连接区到下一连接区并满足连接要求时，宜穿越设置 |

顶部贯通纵筋连接区　　　　　　　　顶部贯通纵筋连接区

$l_n/4$　$l_n/4$　　　　　　　　　$l_n/4$　$l_n/4$

50　50　　　　　　　　　　　　　50　50

$l_n/3$　$l_n/3$　$\leq l_n/3$　$l_n/3$　$l_n/3$

h_c　底部贯通纵筋连接区　h_c

l_{ni}　　　　　　　　　　　l_{ni+1}

底部非贯通纵筋　　　　　　　　　底部非贯通纵筋

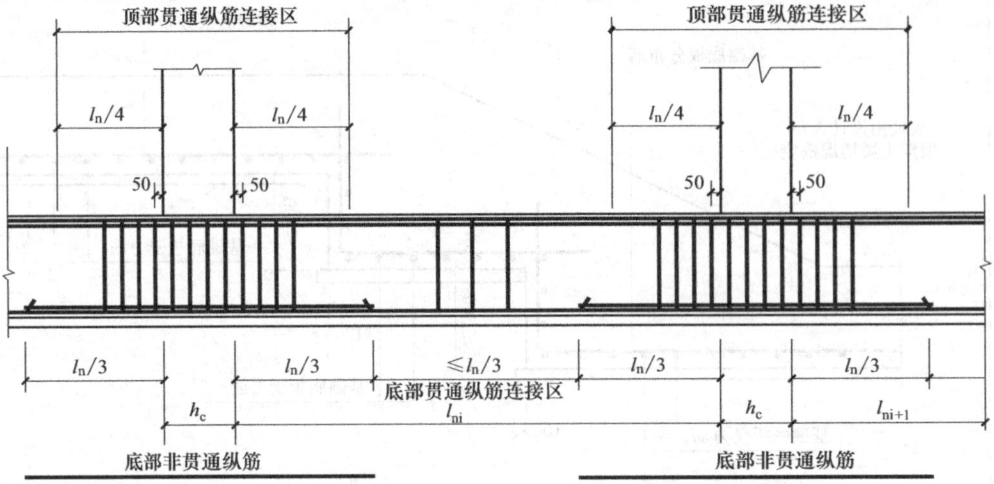

底部贯通纵筋在连接区内采用搭接，机械连接或焊接，同一连接区段内接头面积百分率不宜大于50%，当钢筋长度可穿过一连接区到下一连接区并满足连接要求时，宜穿越设置

基础梁JL纵向钢筋与箍筋构造

解释

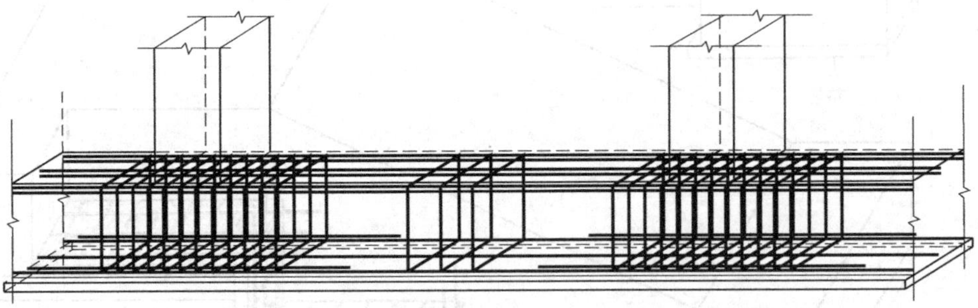

基础梁JL纵向钢筋与箍筋构造立体示意图

164

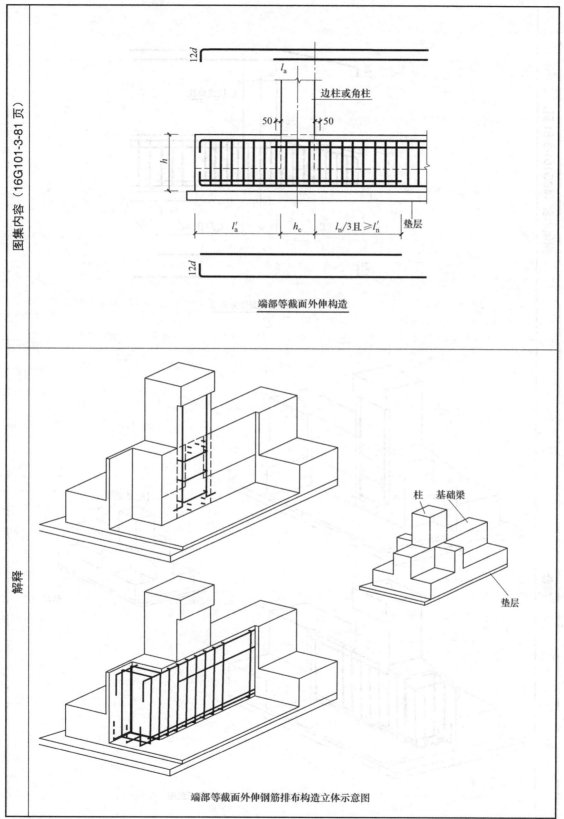

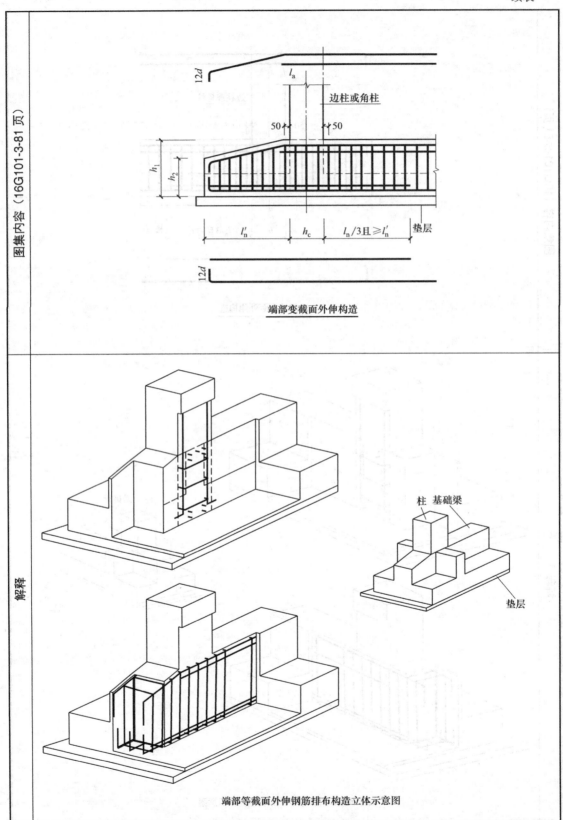

端部变截面外伸构造

端部等截面外伸钢筋排布构造立体示意图

第8章 梁板式筏形基础平法施工图导读

8.1 梁板式筏形基础平法施工图制图规则

梁板式筏形基础平法施工图制图规则见表 8-1。

表 8-1 梁板式筏形基础平法施工图制图规则表

图集内容（16G101-3-30 页）	解释
（1）梁板式筏形基础构件的类型与编号 梁板式筏形基础由基础主梁，基础次梁，基础平板等构成，编号见下表。 **梁板式筏形基础构件编号表** | 构件类型 | 代号 | 序号 | 跨数及有无外伸 | |---|---|---|---| | 基础主梁（柱下） | JL | ×× | （××）或（××A）或（××B） | | 基础次梁 | JCL | ×× | （××）或（××A）或（××B） | | 梁板式筏形基平板 | LPB | ×× | （××）或（××A）或（××B） | 注：1.（××A）为一端有外伸，（××B）为两端有外伸，外伸不计入跨数。（例）JZL7（5B）表示第 7 号基础主梁，5 跨，两端有外伸。 2. 梁板式筏形基础平板跨数及是否有外伸分别在 X、Y 两向的贯通纵筋之后表达。图面从左至右为 X 向，从下至上为 Y 向。 3. 梁板式筏形基础主梁与条形基础梁编号与标准构造详图一致。 （2）基础主梁与基础次梁的平面注写方式 基础主梁 JL 与基础次梁 JCL 的平面注写，分集中标注与原位标注两部分内容。 基础主梁 JL 与基础次梁 JCL 的集中标注内容为：基础梁编号、截面尺寸、配筋三项必注内容，以及基础梁底面标高高差（相对于筏形基础平板底面标高）一项选注内容。具体规定举例如下： 【例】基础梁箍筋注写为 9Φ16@100/Φ16@200 (6)，表示箍筋为 HPB300 级钢筋，直径Φ16，从梁端向跨内，间距 100，设置 9 道，其余间距为 200，均为 6 肢箍。	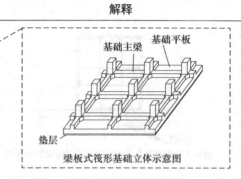梁板式筏形基础立体示意图 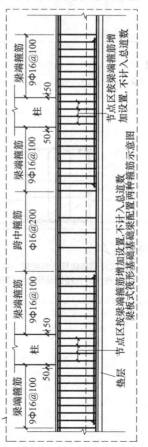梁板式筏形基础配置两种箍筋示意图

167

图集内容（16G101-3-32页）	解释
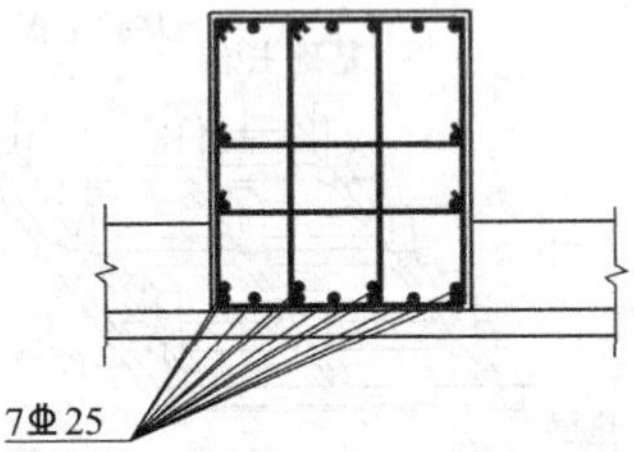 【例】当梁板式筏形基础梁端（支座）区域底部纵筋注写为 11Ф25 4/7，则表示上一排纵筋为 4Ф25，下一排纵筋为 7Ф25。 梁板式筏形基础基础梁底部双排贯通纵筋示意图	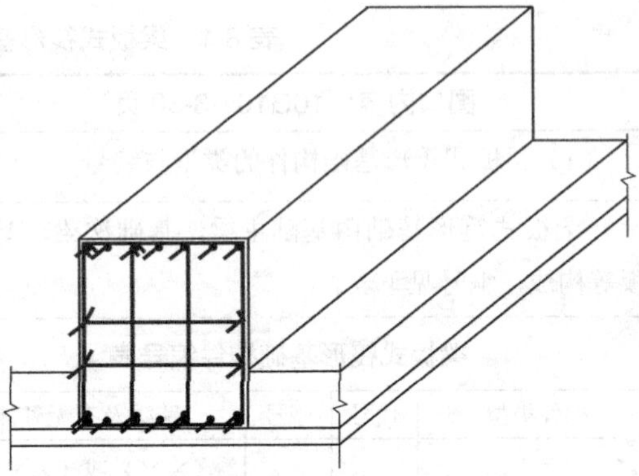 梁板式筏形基础基础梁底部双排贯通纵筋立体示意图
【例】当梁板式筏形基础梁端（支座）区域底部纵筋注写为 4Ф28+3Ф25，表示一排纵筋由两种不同直径钢筋组合。 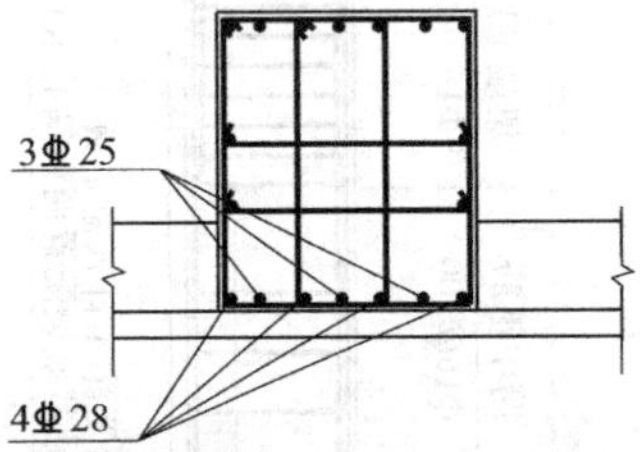 梁板式筏形基础基础梁底部一排纵筋由两种不同直径钢筋组合示意图	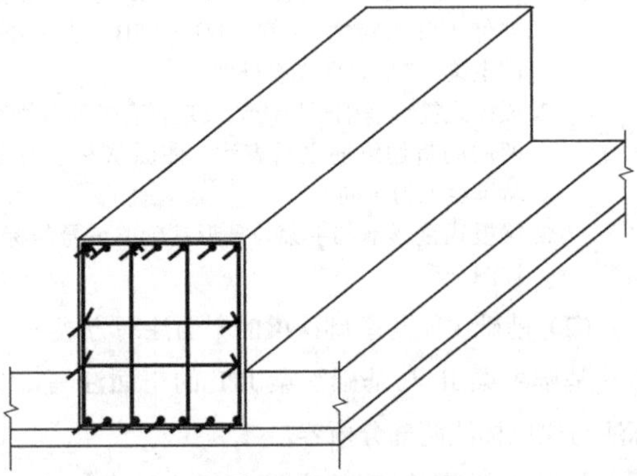 梁板式筏形基础基础梁底部一排纵筋由两种不同直径钢筋组合立体示意图

图集内容（16G101-3-33，34页）

（3）梁板式筏形基础平板的平面注写方式

梁板式筏形基础平板LPB的平面注写，分板底部与顶部贯通纵筋的集中标注与板底部附加非贯通纵筋的原位标注两部分内容。当仅设置贯通纵筋而未设置附加非贯通纵筋时，则仅做集中标注。

梁板式筏形基础平板LPB贯通纵筋的集中标注，应在所表达的板区双向均为第一跨（X与Y双向首跨）的板上引出（图面从左至右为X向，从下至上为Y向）。

板区划分条件：板厚相同、基础平板底部与顶部贯通纵筋配置相同的区域为同一板区。

具体规定举例如下：

【例】X: BΦ22@150; TΦ20@150;（4B）
　　　Y: BΦ20@200; TΦ18@200;（3B）

表示基础平板X向底部配置Φ22间距150的贯通纵筋，顶部配置Φ20间距150的贯通纵筋，纵向总长度为4跨两端有外伸；Y向底部配置Φ20间距200的贯通纵筋，顶部配置Φ18间距200的贯通纵筋，纵向总长度为3跨两端有外伸。

解释

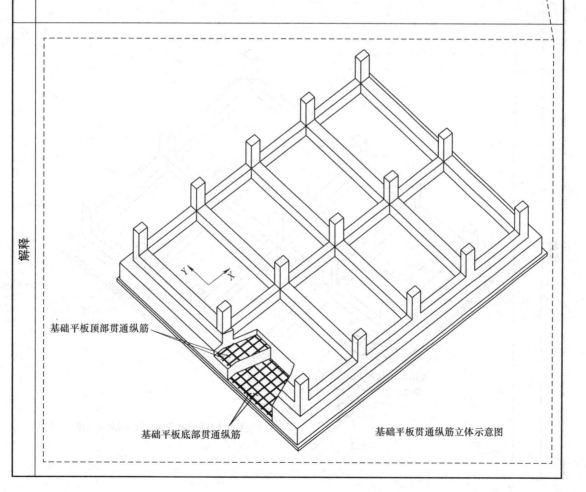

基础平板贯通纵筋立体示意图

续表

图集内容（16G101-3-34页）

【例】⊕10/12@100 表示贯通纵筋为⊕10、⊕12 隔一布一，彼此之间间距为 100。

解释

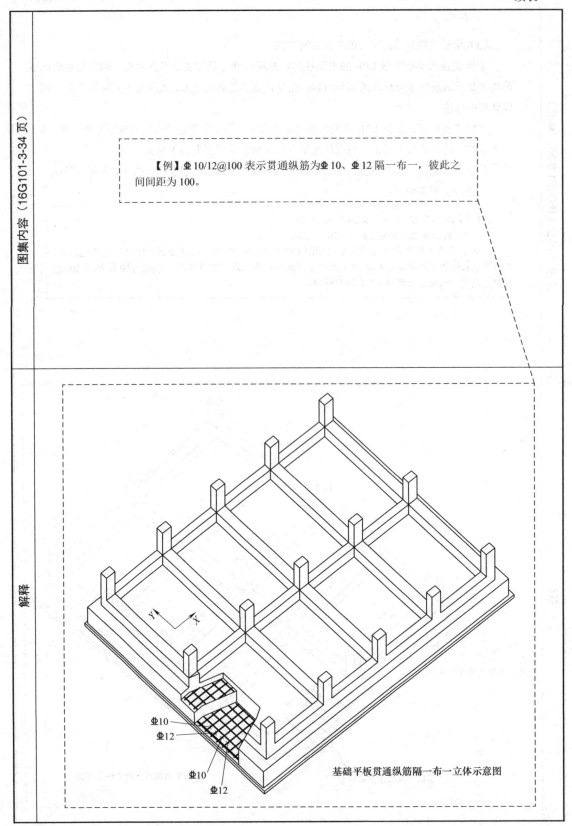

基础平板贯通纵筋隔一布一立体示意图

8.2 梁板式筏形基础平法施工图实例

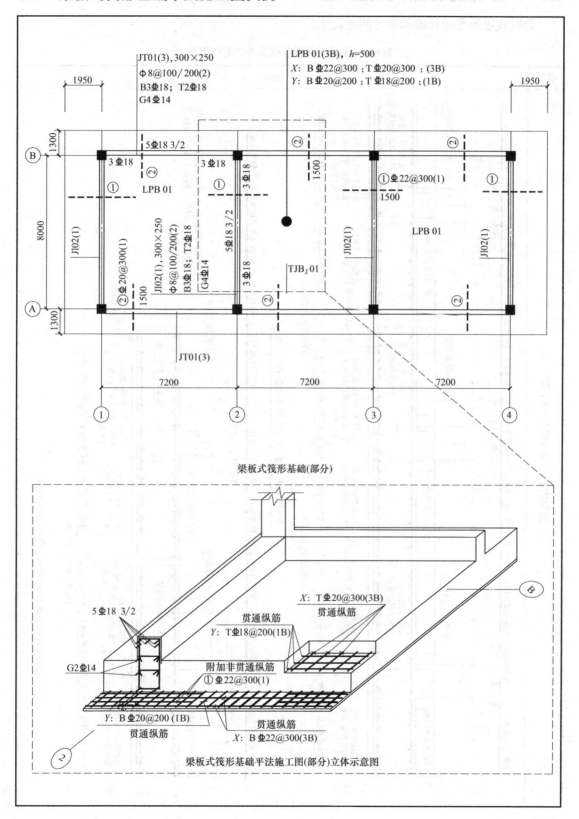

梁板式筏形基础(部分)

梁板式筏形基础平法施工图(部分)立体示意图

8.3 梁板式筏形基础标准构造详图

梁板式筏形基础标准构造详图见表8-2。

表8-2 梁板式筏形基础标准构造详图表

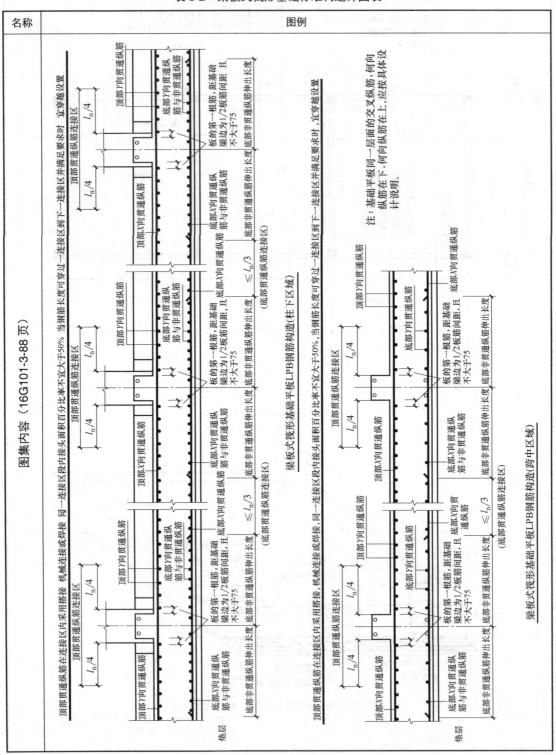

续表

| 解释 | 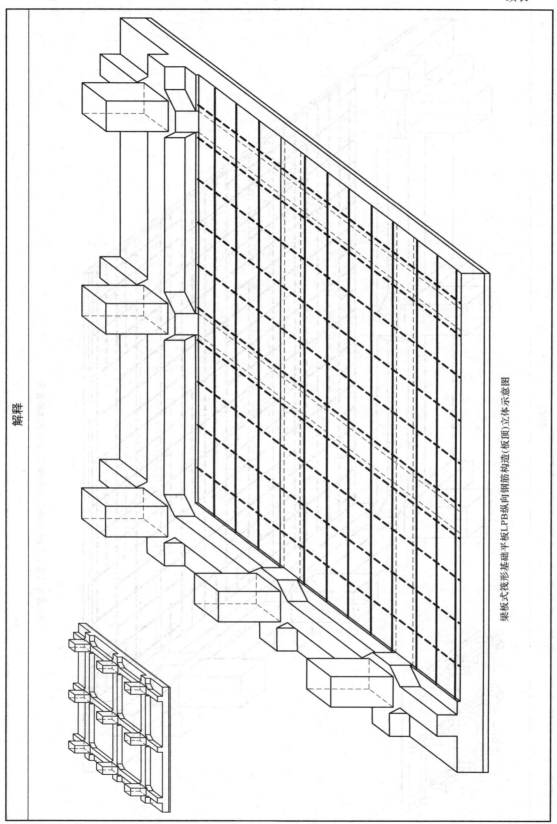 梁板式筏形基础平板LPB纵向钢筋构造(板顶)立体示意图 |

续表

解释
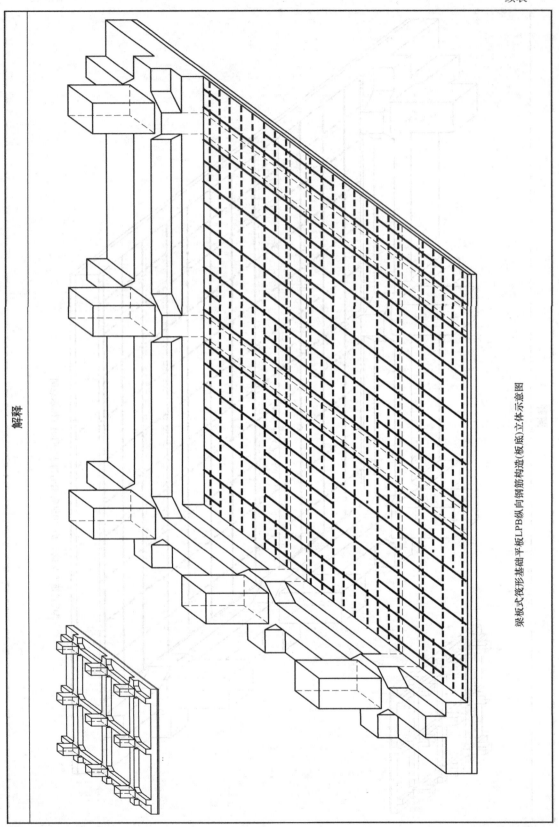梁板式筏形基础平板LPB纵向钢筋构造(板底)立体示意图

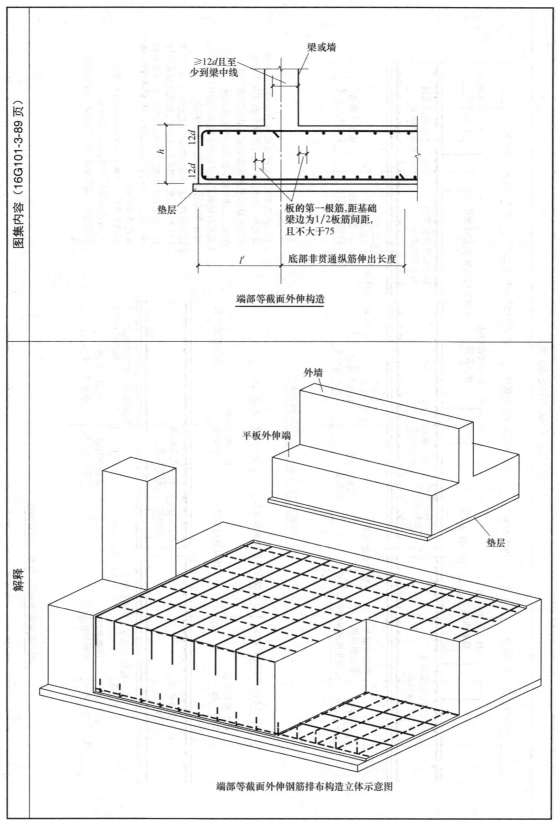

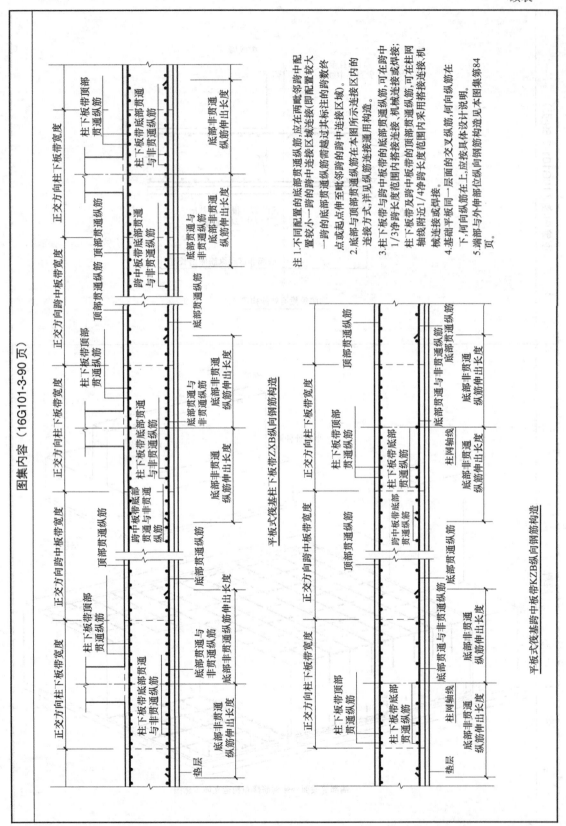

续表

解释	
	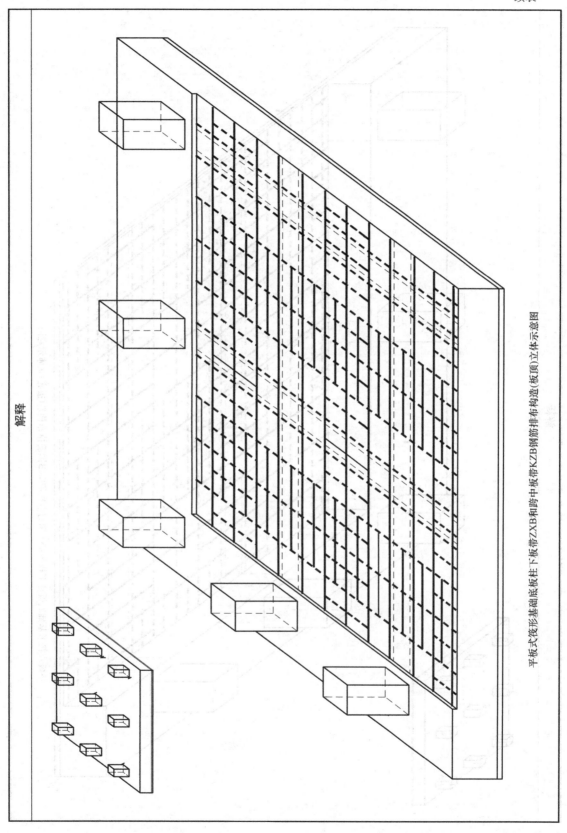平板式筏形基础底板柱下板带ZXB和跨中板带KZB钢筋排布构造(板顶)立体示意图

177

解释

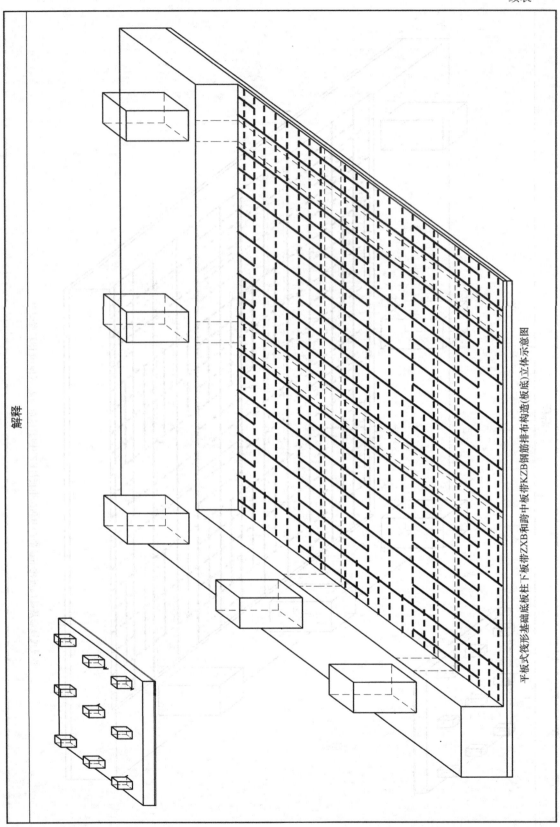

平板式筏形基础底板柱下板带ZXB和跨中板带KZB钢筋排布构造(板底)立体示意图

第9章 桩基承台平法施工图导读

9.1 桩基承台平法施工图制图规则

桩基承台平法施工图制图规则见表 9-1。

表 9-1 桩基承台平法施工图制图规则表

图集内容（16G101-3-46 页）	解释
（1）桩基承台类型与编号 桩基承台分为独立承台和承台梁，分别下表编号。 **独立承台编号表** 	类型	独立承台截面形状	代号	序号	说明	 |---|---|---|---|---|
独立承台	阶形	CT_J	××	单阶截面即为平板式承台
	坡形	CT_P	××	| 注：杯口独立承台代号可为 BCT_J 和 BCT_P，设计注写方式可参照杯口独立基础，施工详图应由设计者提供。 **承台梁编号表** | 类型	代号	序号	跨数及有无外伸 | |---|---|---|---|
承台梁	CTL	××	（××）跨数无外伸 （××A）一端有外伸 （××B）两端有外伸	 （2）独立承台的平面注写方式 独立承台的平面注写方式，分为集中标注和原位标注两部分内容。 独立承台的集中标注，系在承台平面上集中引注：独立承台编号、截面竖向尺寸、配筋三项必注内容，以及承台板底面标高（与承台底面基准标高不同时）和必要的文字注解两项选注内容。具体规定举例如下： 【例】△ 9Φ16@100×3/ Φ16@200 。 表示等边三桩承台，三角布置的各边受力钢筋为 9 道直径 Φ16 的钢筋，分布筋Φ16，间距为 200。	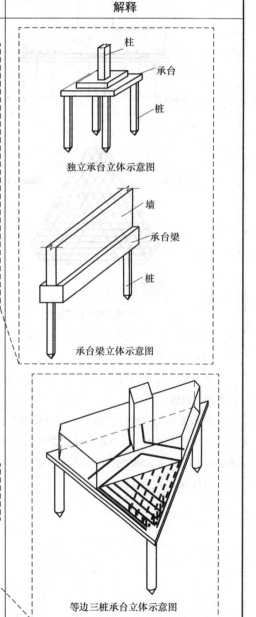 独立承台立体示意图 承台梁立体示意图 等边三桩承台立体示意图

续表

图集内容（16G101-3-49页）	解释
【例】△7⏀16@100+6⏀18@100×2/Φ16@200。 表示等腰三桩承台，底边受力钢筋为7道直径⏀16的钢筋，两边对称斜边受力钢筋为6道直径⏀18的钢筋，分布筋Φ16，间距为200。 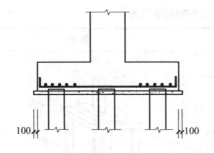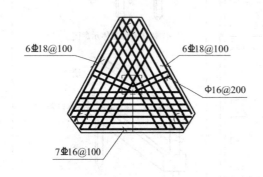等腰三桩承台示意图	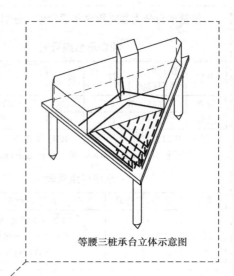 等腰三桩承台立体示意图

（3）承台梁的平面注写方式

承台梁 CTL 的平面注写方式，分集中标注和原位标注两部分内容。

承台梁的集中标注内容为：承台梁编号、截面尺寸、配筋三项必注内容，以及承台梁底面标高（与承台底面基准标高不同时）、必要的文字注解两项选注内容。

具体规定举例如下：

图集内容（16G101-3-50页）	【例】B：4⏀25；T：7⏀25。 表示承台梁底部配置贯通纵筋5⏀25，梁顶部配置贯通纵筋7⏀25。 【例】G4⏀14。 表示承台梁每个侧面配置纵向构造钢筋2⏀14，共配置4⏀14。
解释	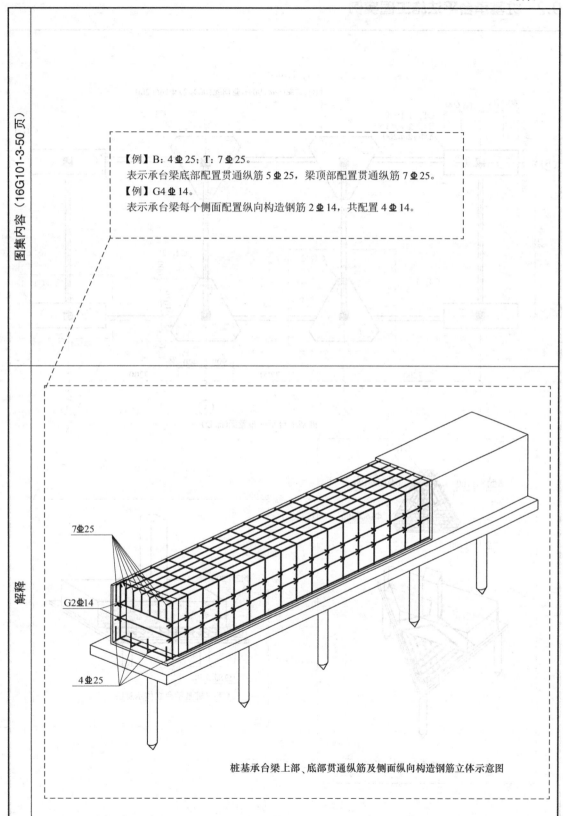 桩基承台梁上部、底部贯通纵筋及侧面纵向构造钢筋立体示意图

9.2 桩基承台平法施工图实例

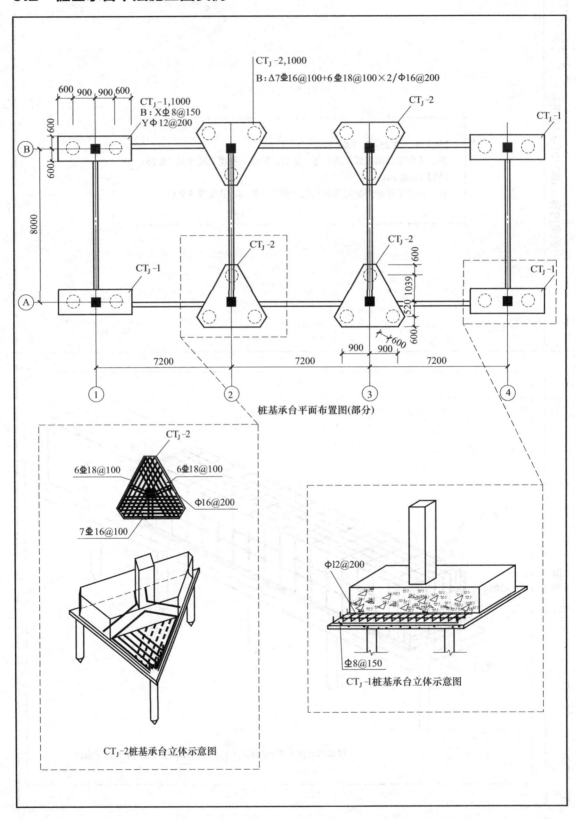

桩基承台平面布置图(部分)

CT_J-2桩基承台立体示意图

CT_J-1桩基承台立体示意图

9.3 桩基承台标准构造详图

桩基承台标准构造详图见表9-2。

表9-2 桩基承台标准构造详图表

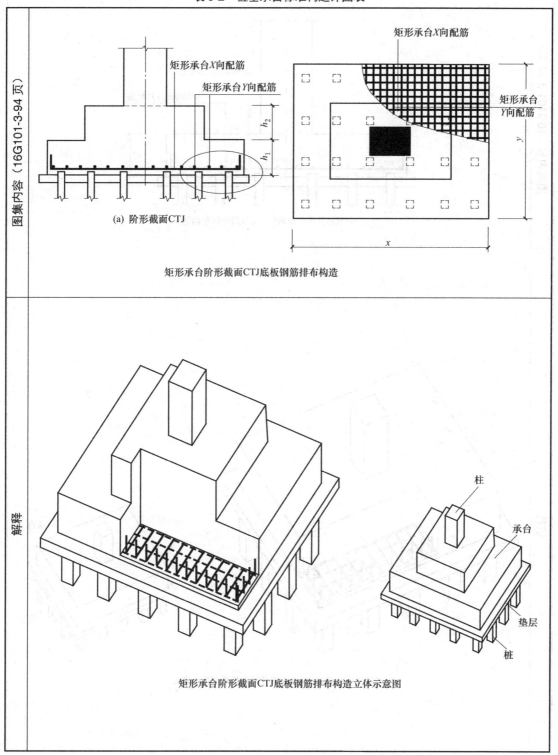

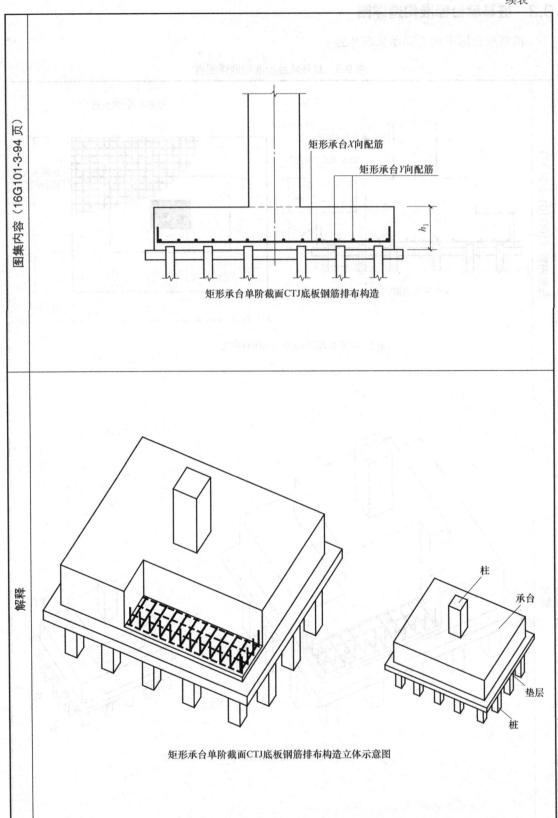

续表

图集内容（16G101-3-94页）

矩形承台X向配筋
矩形承台Y向配筋

矩形承台单阶截面CTJ底板钢筋排布构造

解释

矩形承台单阶截面CTJ底板钢筋排布构造立体示意图

柱
承台
垫层
桩

图集内容（16G101-3-94页）	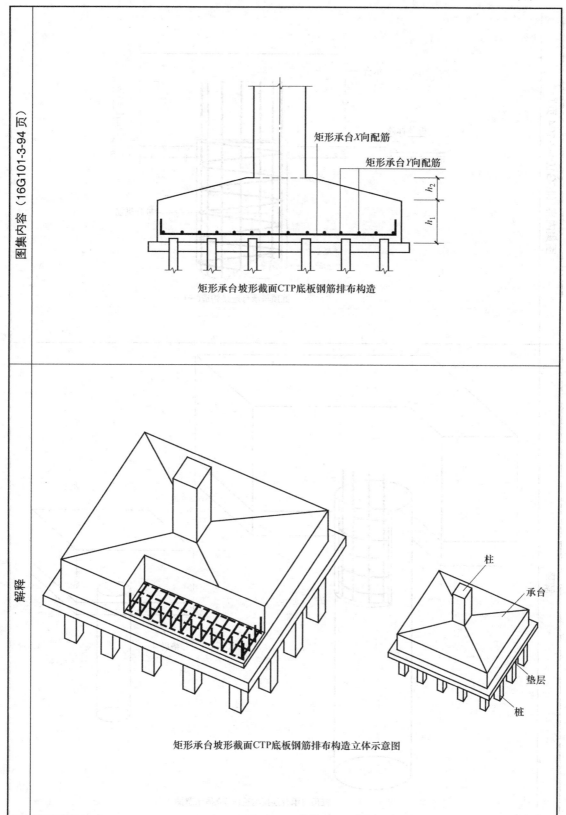 矩形承台坡形截面CTP底板钢筋排布构造
解释	矩形承台坡形截面CTP底板钢筋排布构造立体示意图

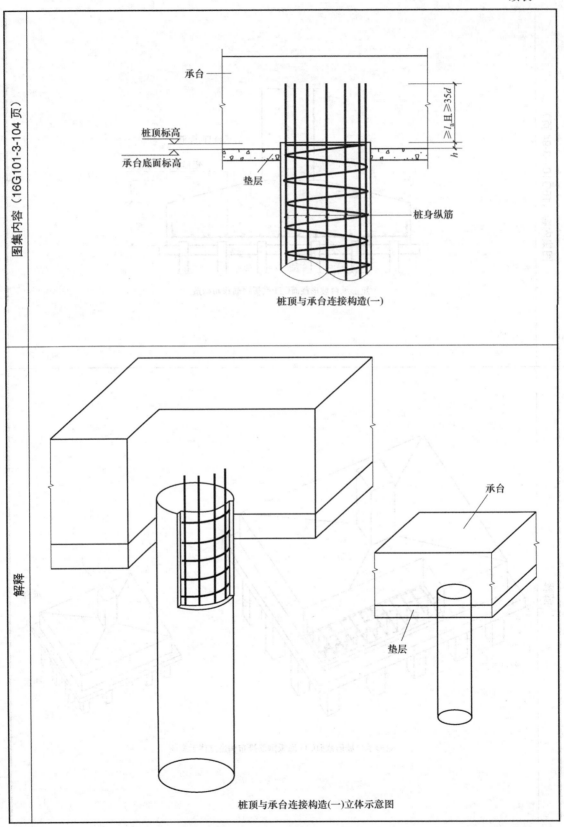

图集内容（16G101-3-104页）

桩顶与承台连接构造(一)

解释

桩顶与承台连接构造(一)立体示意图

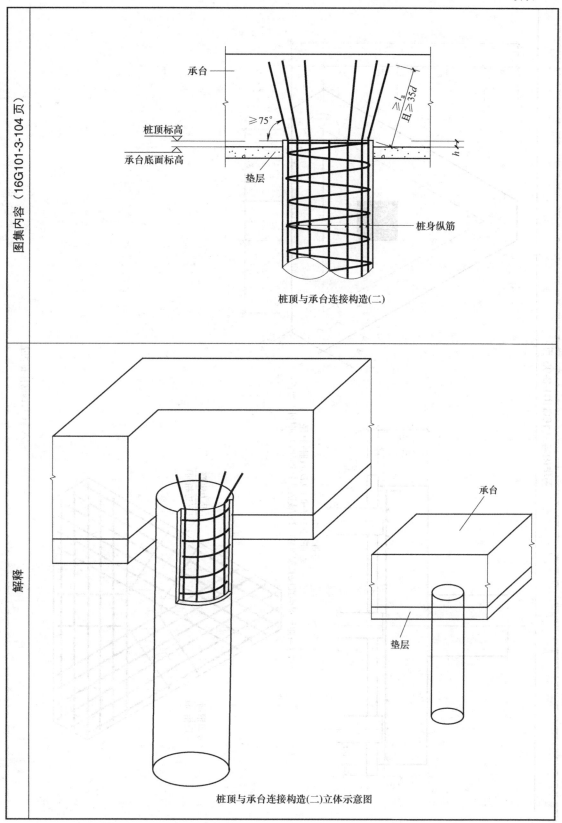

图集内容（16G101-3-95页）

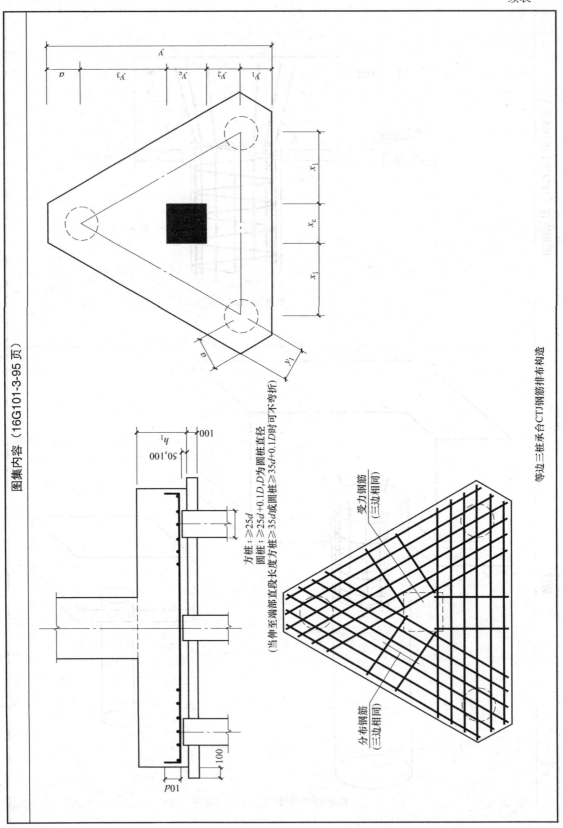

等边三桩承台CTJ钢筋排布构造

解释
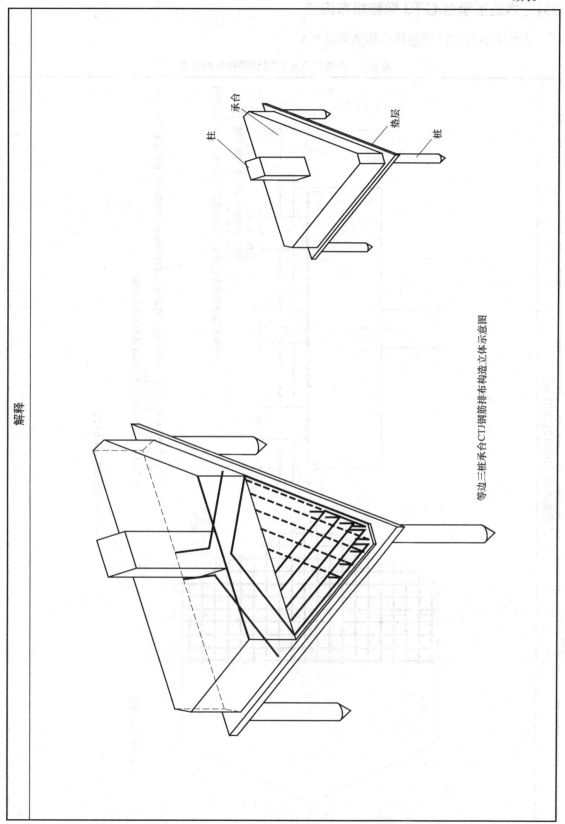 等边三桩承台CTJ钢筋排布构造立体示意图

9.4 六边形承台 CTJ 钢筋排布构造

六边形承台 CTJ 钢筋排布构造见表 9-3。

表 9-3 六边形承台 CTJ 钢筋排布构造表

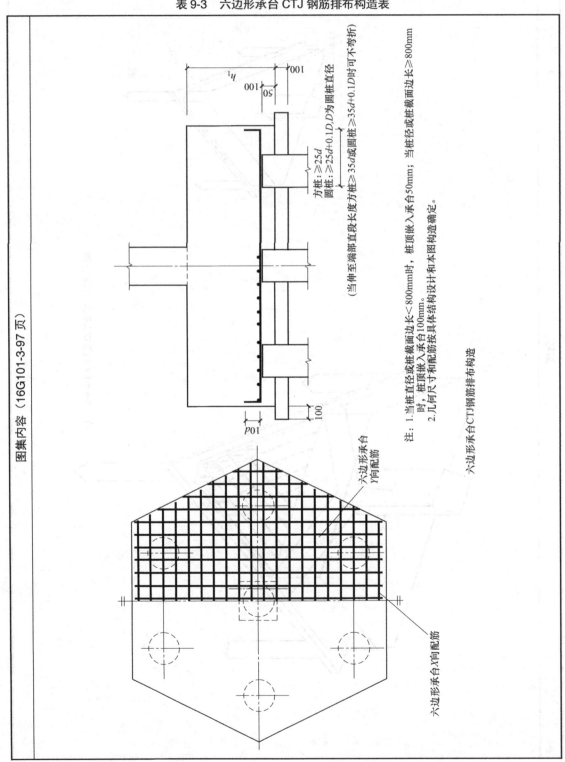

续表

解释	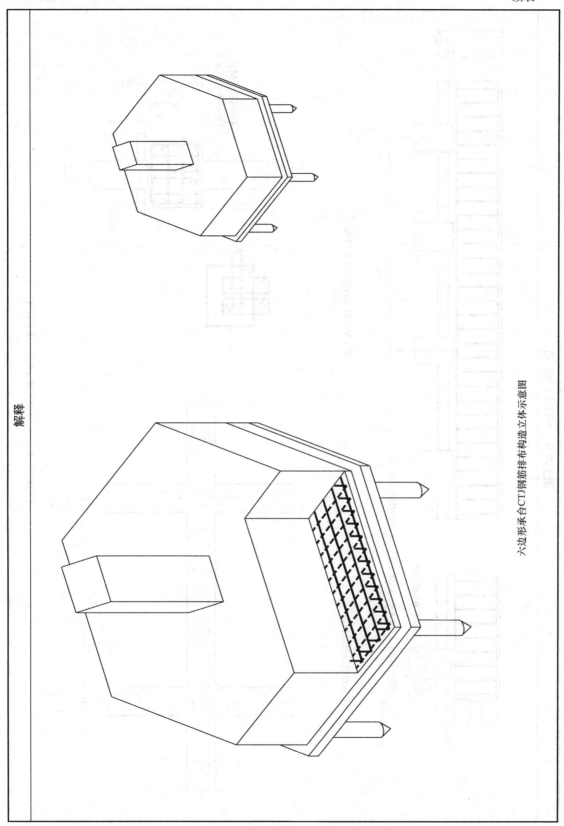 六边形承台CTJ俯筋排布构造立体示意图

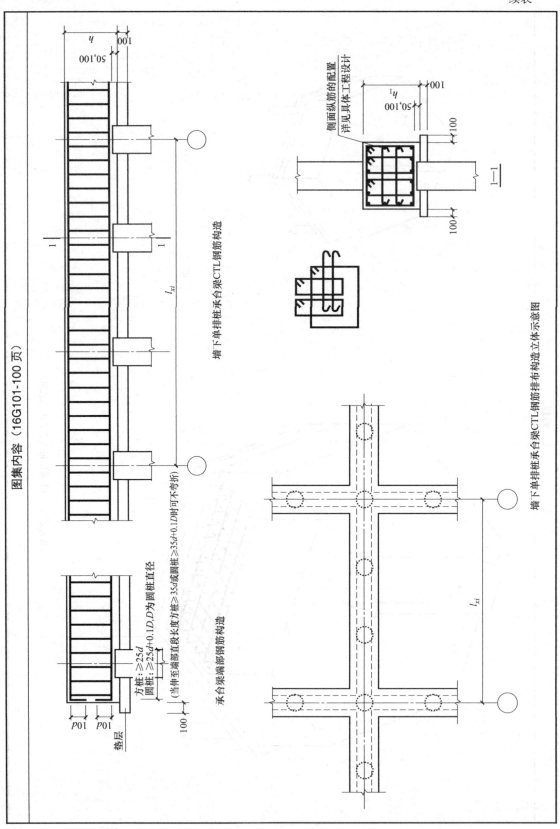

续表

解释
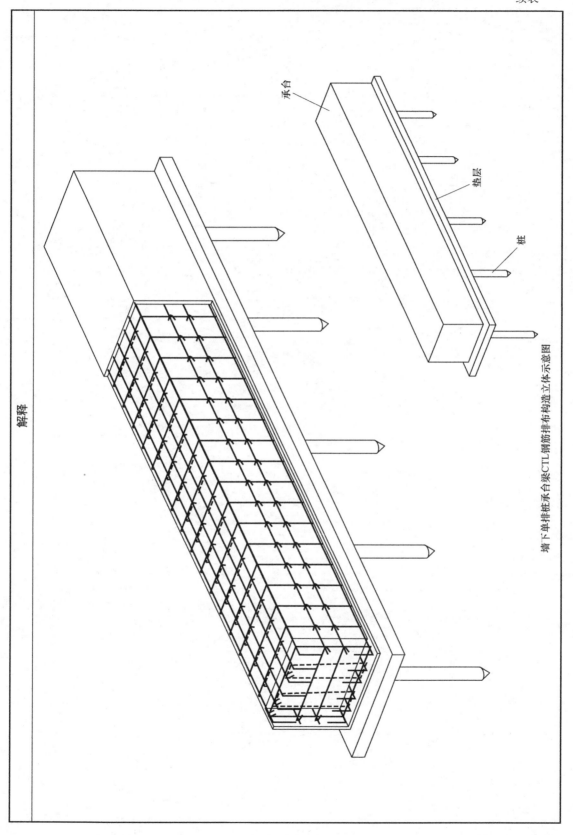
墙下单排桩承台梁CTL钢筋排布构造立体示意图